Travel Schedule
여행 일정

MEMO
끄적 끄적

GO
Happy Tour
런던
LONDON
SCOTLAND
Aberdeen
애버딘
Glasgow
글래스고
Edinburgh
애딘버러
Newcastle
뉴캐슬
NORTHERN IRELAND
Belfast
벨패스트
더블린
Dublin
IRELAND
Liverpool
리버풀
Manchester
맨체스터
ENGLAND
Cambridge
캠브리지
Oxford
옥스포드
런던
Harwich
하위치
WALES
London
Cardiff
카디프
Hampton Court
햄프턴
Windsor
윈저
Weymouth
웨이머스
Brighton
브라이튼
Dover
도버
혜지견

이 책을 보는 방법
How to Use This Book

이 책은 크게 지역별 소개와 여행정보 두 부분으로 나뉘어져 있습니다. 지역별 소개 부분에서는 런던을 웨스트민스터 지구, 코번트 가든 & 소호, 메이페어, 나이츠브릿지 & 켄싱턴, 노팅힐, 베이커 거리 & 메릴본, 시티 지구 & 이스트엔드 지구 & 사우스워크 지구, 그리니치 등 지역으로 나누고 런던 교외는 캠브리지, 옥스포드, 윈저 3곳으로 나누어 각 지역의 교통정보와 지도를 소개하였습니다. 또 각 지역을 네 개의 소단원으로 나누어 가장 인기 있는 명소, 쇼핑, 식당, 호텔 정보를 수록하였습니다.

이밖에 쇼핑과 맛집 탐방을 좋아하는 분들을 위해 가장 유명한 맛집과 특이한 제품들을 파는 가게들을 두루 소개하였습니다. 이 책과 함께라면 런던을 자유롭게 누비는데 충분할 것입니다.

여행정보 부분에서는 최대한 독자를 고려하여 현지 교통, 유의할 점 등 필수정보와 함께 실용 회화를 실어 누구든지 쉽게 런던 여행을 할 수 있도록 하였습니다.

여행 중에 필요한 정보를 쉽게 찾을 수 있도록 명소, 상점, 식당, 숙소 순서로 전화, 팩스, 주소, 홈페이지, 오픈시간, 휴식시간, 교통 등이 포함된 기본 자료를 수록하였고 쉽게 알아볼 수 있도록 다음과 같은 범례를 사용하였습니다.

지도페이지 & 좌표	팩스	홈페이지
교통	업무시간	E-mail
주소	휴업일	
전화	가격	

이 책에 사용된 가격은 파운드(£)를 기준으로 하였습니다. 1파운드는 한화 약 1,865원입니다. 책에 수록된 자료(교통, 비용, 오픈시간, 주소, 전화 등)은 2008년 4월 이전 기준이며 비용부분은 변동되기 쉬우니 유의하시기 바랍니다.

주머니에 쏙! 가벼운 발걸음! Happy Tour 런던

⊙ **가볍고 편안한 크기, 두껍고 무거운 여행서는 BYE BYE!**
크기 10×21cm, 무게 200g, 편안하고 부담이 없어 주머니든 가방이든 어디에도 OK!!

⊙ **만족스러운 정보들이 ALL IN ONE!**
알짜 정보만 모아서 꼭 가보아야 할 관광명소, 맛보아야 할 음식, 쇼핑장소에 대한 정보를 모두 수록하였습니다.

⊙ **효율적인 구성으로 언제 어디서든 쉽게 찾아 사용한다!**
각 지역을 장과 절로 나누고 지도를 수록하여 필요한 정보를 쉽게 찾을 수 있습니다.

⊙ **관광명소+식당+쇼핑+숙소, 나도 이제 여행전문가!**
책에 수록된 곳을 스스로 선택하여 자신이 원하는 완벽한 여행계획(2박 3일, 4박 5일)을 짤 수 있습니다.

⊙ **여행 필수 품목 No.1!**
참신하고 예쁜 디자인, 한손에 쏙 들어가는 사이즈, 비닐 표지로 싸여있어 어디든지 들고 다닐 수 있습니다.

지역 명칭

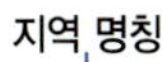

지역별 지도

명소(한국어＆영어)

지도좌표＆페이지

명소 정보

지역 색인＆단원(명소·식당·숙박)

명소 소개

12 지하철 타고 런던 유람하기

16 웨스트민스터 Westminster

명소 : 버킹엄 궁전, 국회의사당/빅벤, 웨스트민스터 사원, 세인트 제임스 파크, 더 몰, 테이트 브리튼 갤러리, 런던 아이, 템즈강
쇼핑 : 안야 하인드마치
숙박 : 더 할킨, 더 메트로폴리탄

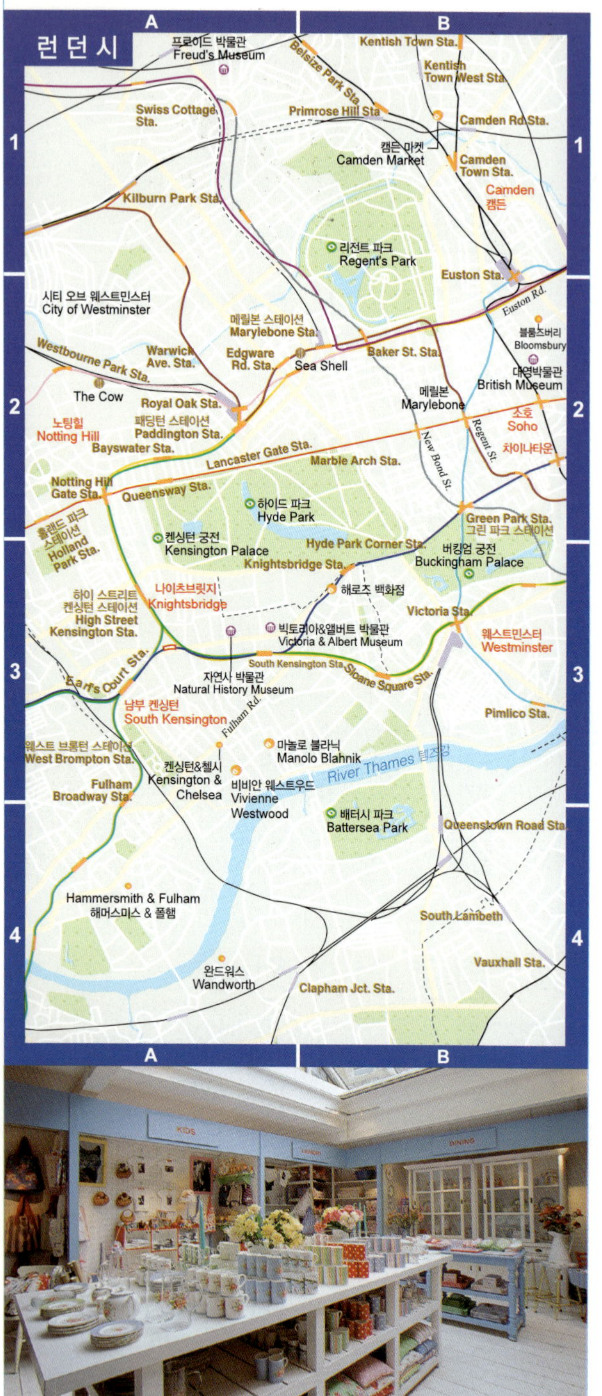

런던시
A
B
프로이드 박물관
Freud's Museum
Belsize Park Sta.
Kentish Town Sta.
Kentish Town West Sta.
Swiss Cottage Sta.
Primrose Hill Sta.
Camden Rd.Sta.
1
캠든 마켓
Camden Market
Camden Town Sta.
Camden 캠든
Kilburn Park Sta.
리전트 파크
Regent's Park
Euston Sta.
시티 오브 웨스트민스터
City of Westminster
Euston Rd.
메릴본 스테이션
Marylebone Sta.
블룸스버리
Bloomsbury
Westbourne Park Sta.
Warwick Ave. Sta.
Edgware Rd. Sta.
Sea Shell
Baker St. Sta.
대영박물관
British Museum
The Cow
메릴본
Marylebone
2
노팅힐
Notting Hill
Royal Oak Sta.
패딩턴 스테이션
Paddington Sta.
소호
Soho
차이나타운
Bayswater Sta.
Lancaster Gate Sta.
Marble Arch Sta.
New Bond St.
Regent St.
Notting Hill Gate Sta.
Queensway Sta.
하이드 파크
Hyde Park
Green Park Sta.
그린 파크 스테이션
홀랜드 파크 스테이션
Holland Park Sta.
켄싱턴 궁전
Kensington Palace
Hyde Park Corner Sta.
버킹엄 궁전
Buckingham Palace
Knightsbridge Sta.
하이 스트리트 켄싱턴 스테이션
High Street Kensington Sta.
나이츠브릿지
Knightsbridge
해로즈 백화점
Victoria Sta.
웨스트민스터
Westminster
빅토리아&앨버트 박물관
Victoria & Albert Museum
3
Earl's Court Sta.
자연사 박물관
Natural History Museum
South Kensington Sta.
Sloane Square Sta.
Fulham Rd.
남부 켄싱턴
South Kensington
Pimlico Sta.
웨스트 브롬턴 스테이션
West Brompton Sta.
마놀로 블라닉
Manolo Blahnik
River Thames 템즈강
Fulham Broadway Sta.
켄싱턴&첼시
Kensington & Chelsea
비비안 웨스트우드
Vivienne Westwood
배터시 파크
Battersea Park
Queenstown Road Sta.
Hammersmith & Fulham
해머스미스 & 폴햄
South Lambeth
4
Vauxhall Sta.
완드워스
Wandworth
Clapham Jct. Sta.

시내지도
런던
A
B
N
Caledonian Road Sta.
Highbury & Islington Sta.
Caledonian Rd. & Barnsbury Sta.
Islington 이슬링턴
Kingsland Rd.
Hackney 해크니
1
Grand Union Canal
King's Cross
앤젤 앤티크 마켓
Angel Antique Market
Cambridge Heath Sta.
King's Cross Sta.
Angel
혹스턴
Hoxton
Bethnal Green Sta.
St. Pancas Sta.
울드 스트리트 스테이션
Old Street Sta.
Shoreditch
Shoreditch Sta.
이스트엔드
East End
Whitechapel Sta.
뮤지엄 인
Museum Inn
Moorgate Sta.
Liverpool Street Sta.
리버풀 스트리트 스테이션
2
Holborn Sta.
제인트 폴 성당
St. Paul's Cathedral
시티 지구
City of London
Fenchurch Street Sta.
Piccadilly Circus
피카딜리 서커스
Blackfriars Sta.
Bank Sta.
Charing Cross Sta.
차링 크로스
스테이션
밀레니엄 브릿지
Millennium Bridge
River Thames 템즈강
런던탑
Tower of London
사우스워크
Southwark
테이트 모던 갤러리
Tate Modern
타워브릿지
Tower Bridge
워털루 스테이션
Waterloo Sta.
London Bridge Sta.
House of Parliament/
Big Ben
국회의사당/빅벤
Canada Water Sta.
Elephant & Castle Sta.
람베드
Lambeth
3
테이트 브리트 갤러리
Tate Britain
사우스워크
Southwark
Vauxhall Sta.
Stockwell Sta.
Lougnborough Jct. Sta.
4
브릭스턴 마켓
Brixton Market
기호 설명
파크
건축물
역
명물거리
명소
박물관
쇼핑
여행자센터
식당
오페라하우스
교회
일반 명소
호텔
지하철 역
지하철 노선
Bakerloo
Waterloo & City
Central
Metropolitan
Circle
Northern
District
Piccadilly
East London
Victoria
Hammersmith & City
Docklands Light Railway
Jubilee

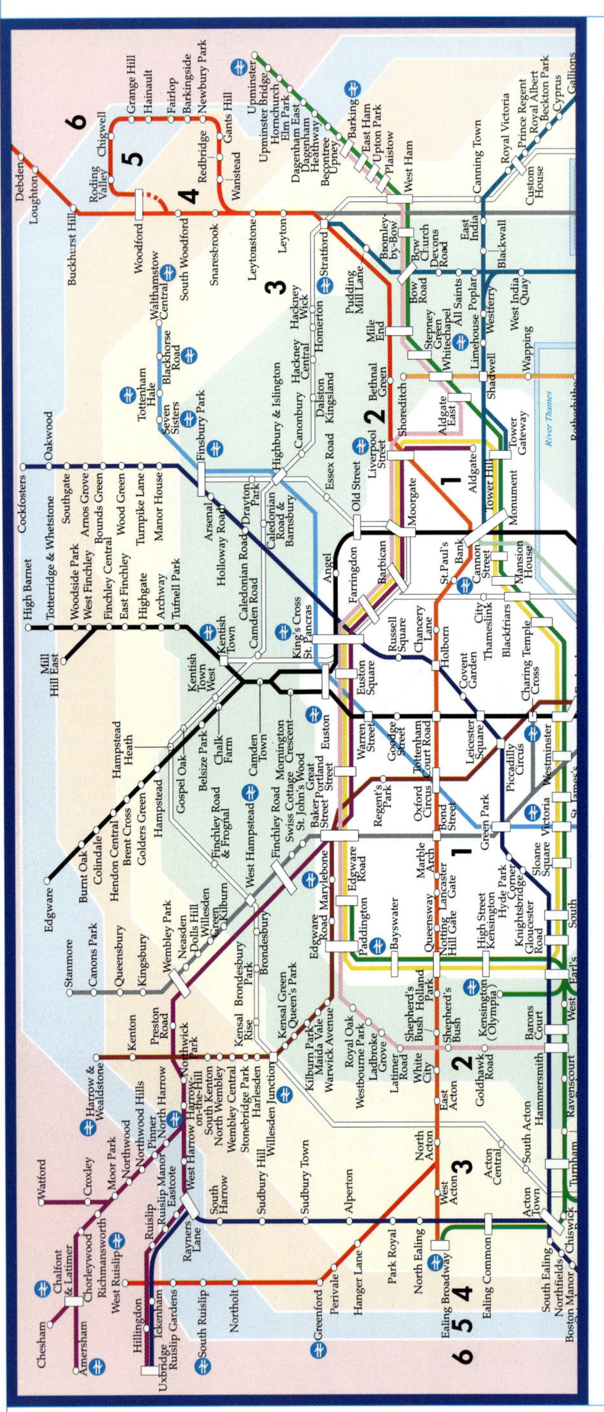

Cyprus
Gallions Reach
Silvertown & London City Airport
North Woolwich
North Greenwich
Canary Wharf
Heron Quays
Rotherhithe
Canada Water
Surrey Quays
New Cross
New Cross Gate
Bermondsey
London Bridge
Borough
Southwark
Lambeth North
Embankment
Elephant & Castle
St. James's Park
Waterloo
Vauxhall
Pimlico
Kennington
Oval
Stockwell
Brixton
Clapham North
Clapham Common
Clapham South
Balham
Tooting Bec
Tooting Broadway
Colliers Wood
South Wimbledon
Morden
River Thames
South Kensington
West Brompton
Fulham Broadway
Parsons Green
Putney Bridge
East Putney
Southfields
Wimbledon Park
Wimbledon
Earl's Court
West Kensington
Ravenscourt Park
Stamford Brook
Turnham Green
Chiswick Park
Gunnersbury
Kew Gardens
Richmond
Northfields
Boston Manor
Osterley
Hounslow East
Hounslow Central
Hounslow West
Hatton Cross
Heathrow Terminals 1,2,3
Heathrow Terminal 4
Hammersmith & City

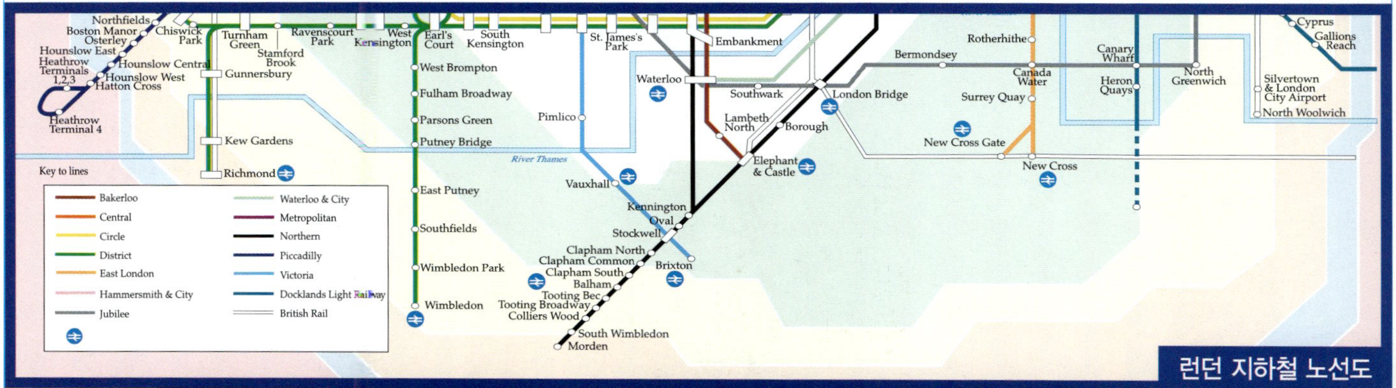

Key to lines

- Bakerloo
- Central
- Circle
- District
- East London
- Hammersmith & City
- Jubilee
- Waterloo & City
- Metropolitan
- Northern
- Piccadilly
- Victoria
- Docklands Light Railway
- British Rail

지하철 타고 런던 유람하기

런던의 지하철은 천장이 둥근 튜브형이기 때문에 'Tube'라는 별명을 가지고 있다. Tube는 여행객들이 가장 편리하게 이용할 수 있는 교통 수단이다,
100여년 동안의 변화와 발전을 통해 현재 런던 지하철은 총 12개 노선에 300여 개의 정거장을 갖추고 있다. 런던 시내와 교외를 관통하고 있으므로 길을 잃더라도 지하철역만 찾으면 목적지로 돌아갈 수 있다.

요금

www.tfl.gov.uk

런던지하철은 6개 구역으로 나뉜다. 시내의 1구역에서부터 시외의 6구역까지 방사선처럼 뻗어있고 요금은 탑승거리에 따라 정해져 1구역은 £1.5, 1구역에서 2구역은 £2이다. 만약 6구역을 지나 히드로공항에서 시내까지 간다면 약 £3.5이다. 왕복표는 편도요금의 두 배이고 할인은 없다.

관광객의 경우 하루에 3회 이상 지하철을 탄다면 트래블카드를 사는 것이 경제적이다. 트래블카드는 유효기간 내 런던의 대중교통(지하철, 버스, 경전철, 기차, 유람선 포함)을 이용하는데 횟수 제한이 없다. 트래블카드는 하루, 일주일, 한 달, 주말 사용권이 있으므로 런던에 머무는 기간에 맞게 구입하면 된다. 런던의 주요 관광지는 지하철역과 연결되어 있으므로 편리하다. 주의해야 할 것은 1일 트래블카드는 사용시간에 제한이 있다는 점인데, 월요일~금요일까지는 오전 9:30 이후에야 이용 가능하다. 트래블카드는 지하철, 기차역 신문가판대에서 구입할 수 있으며 사진 2장이 필요하다.

가격(파운드£)	1일권	3일권	1주일권
Zone 1-2	£ 6.2	£ 15.4	£ 22.2
All Zone	£ 12.4	£ 37.2	£ 41

관광 명소와 연결된 6대 지하철 노선

Piccadilly Circus Line
피카딜리 서커스 라인

  런던유람의 시작은 피카딜리 서커스에서! 총 길이 71km의 피카딜리 서커스는 히드로에서 북포스터까지 총 52개의 역이 있다. 런던 시내에서 관광객이 가장 많은 피카딜리, 레스터 스퀘어, 코번트 가든 등을 지나며 런던의 예술과 문학세계로 들어가는 첫 번째 역이다. 이 노선을 타면 런던의 주요 박물관(사우스켄싱턴의 3개의 박물관, 러셀 스퀘어의 대영박물관)에 갈 수 있다.

Circle Line
써클 라인

  말 그대로 런던시를 한 바퀴 순환하는 노선이다. 북쪽 구간에서 메트로폴리탄(Metropolitan)라인과 해머스미스(Hammersmith)라인이 하나로 합쳐지는 런던 지하철의 시작 구간이며, 137년의 역사를 가지고 있다. 27개의 지하철역이 있는 써클 라인은 5개의 런던 기차역과 연결되어 있어 언제나 사람들로 붐빈다. 써클 라인은 런던 남쪽과 템즈강을 돌며 버킹엄 궁전, 웨스트민스터 사원, 런던탑, 템즈강 유람선 등 여러 명

소를 지난다. 도클랜드 경전철
(Docklands Light Railway)을
타려면 남쪽의 주요 지점을 운행하
는 써클 라인으로 갈아타면 된다.

Jubilee Line
주빌리 라인

주빌리 라인은 런던 지하철의
신설노선으로 런던 동쪽의 신시
가지(도클랜드 지구와 노스 그리
니치 포함)와 연결된다. 주빌리
라인에는 17개 역이 있고 연평균
5,900만 명이 이용한다. 1993년
에는 연장공사를 시작하여 1999
년부터 운행이 재개되었다.
주빌리 라인을 타면 여유로운 하
루를 보낼 수 있는데, 셜록홈즈
박물관이나 마담 투소 밀랍 인
형관에 관심 있다면 이른 아침
에 인파를 피해 본드 스트리트
(Bond St.)와 옥스포드 스트리트
(Oxford St.)를 다녀오는 것도 좋
다. 해질 무렵이면 사우스워크 지
구에서 템즈강 건너편에 있는 국
회의사당의 야경을 감상하거나 도
클랜드 지구의 런던 신흥 상업지
구에서 경전철을 탈 수도 있다.

Nothern Line
노던 라인

노던 라인은 런던을 남북으로
관통하며 시내에서 두 개의 지선
으로 나뉘어 사우스워크 지구에서
다시 만난다. 노던 라인을 타고
런던 북쪽의 캠든 마켓(Camden
Market)에서 펑크족의 독특한 모
습을 구경하거나 트라팔가 광장의
내셔널 갤러리에서 유럽 회화에
심취해보고 마지막으로 템즈강 맞
은편에 있는 '런던 아이(London
Eye)'를 감상해 보자. 노던 라
인에는 41개의 역이 있으며 런
던 지하철이 갖고있는 기록을 많
이 찾아볼 수 있다. 앤젤(Angel)
역에는 서유럽 국가에서 가장 긴
수동식 계단이 있고, 햄스테드
(Hampstead)역은 깊이 58.2m로

런던에서 가장 깊은 지하철역이다.

Victoria Line
빅토리아 라인

빅토리아 라인은 런던의 4대 기
차역인 빅토리아, 유스턴, 세인트
펜크라스, 킹스 크로스역과 연결
되어 있어 여행객들이 꼭 알아야
할 중요한 지하철 노선이다. 빅토
리아 라인에는 역이 많지는 않지
만 런던 시내의 번화한 지역에 있
고 이 노선이 지나는 빅토리아,
옥스포드 서커스, 킹스 크로스는
런던에서 사람이 가장 많이 모이
는 역 중에 1,2,3위를 차지하고
있다.

Docklands Light Railway
도클랜드 경전철(DLR)

무인운행경전철인 도클랜드 경
전철(DLR)은 런던의 최신 지하철
로 런던 시내와 이스트엔드 도크
지구를 연결한다. 1982년, 영국정
부에서 오래된 도크 지구를 개발
하기로 결정한 후 도크 지구는 런
던의 새로운 상업과 공업 중심지
가 되었다. 여기에 걸맞는 새로운
교통체계를 세우기 위해 1984년
부터 공사가 시작되어 1987년 7
월 개통되었다. 이 노선은 교외의
그리니치와 직접 연결되어 있다.

웨스트민스터

Westminster

웨스트민스터

Westminster

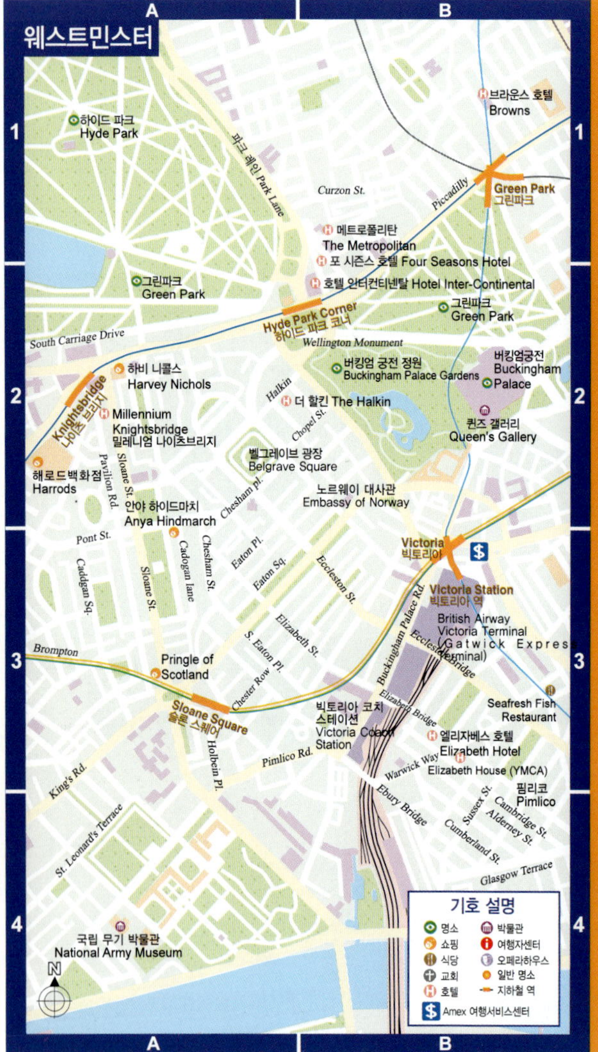

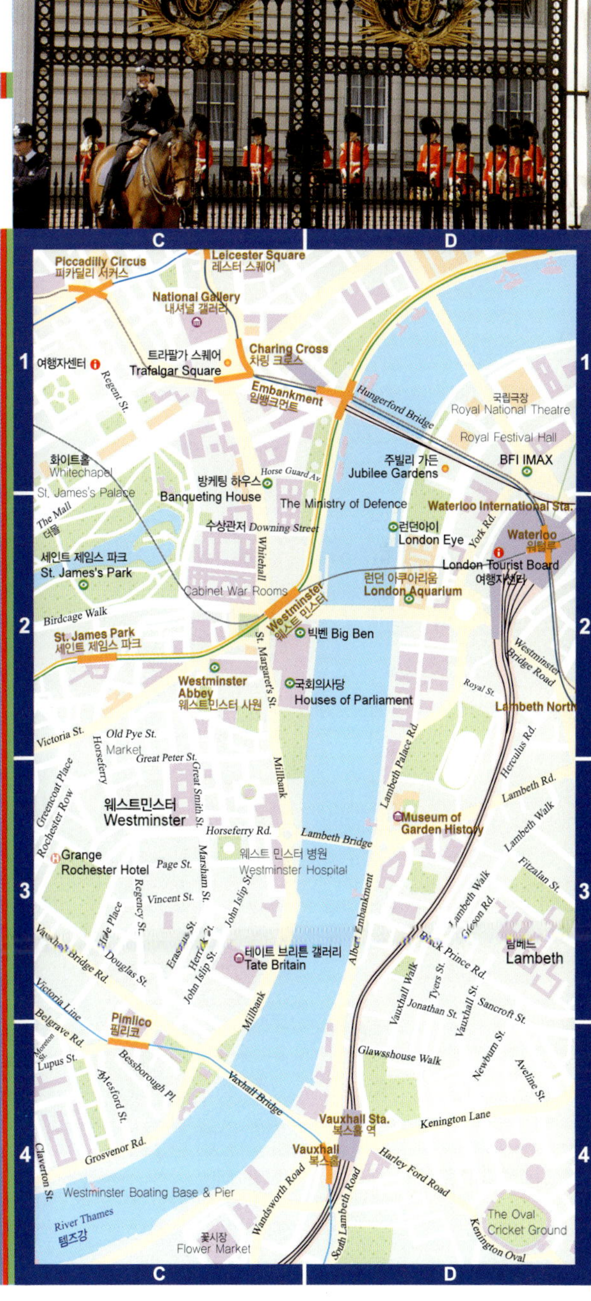
C
D
Piccadilly Circus
피카딜리 서커스
Leicester Square
레스터 스퀘어
National Gallery
내셔널 갤러리
1
여행자센터
Regent St.
트라팔가 스퀘어
Trafalgar Square
Charing Cross
차링 크로스
Embankment
임뱅크먼트
Hungerford Bridge
국립극장
Royal National Theatre
Royal Festival Hall
BFI IMAX
화이트홀
Whitechapel
St. James's Palace
The Mall
더몰
방케팅 하우스
Banqueting House
Horse Guard Av.
The Ministry of Defence
주빌리 가든
Jubilee Gardens
Waterloo International Sta.
수상관저 Downing Street
런던아이
London Eye
York Rd.
Waterloo
워털루
세인트 제임스 파크
St. James's Park
Whitehall
Cabinet War Rooms
London Tourist Board
여행자센터
런던 아쿠아리움
London Aquarium
Westminster
웨스트
민스터
Birdcage Walk
2
St. James Park
세인트 제임스 파크
St. Margaret's St.
빅벤 Big Ben
Westminster
Bridge Road
Westminster
Abbey
웨스트민스터 사원
국회의사당
Houses of Parliament
Royal St.
Lambeth North
Victoria St.
Old Pye St.
Market
Horseferry
Great Peter St.
Great Smith St.
Millbank
Lambeth Palace Rd.
Herculus Rd.
Greencoat Place
Rochester Row
웨스트민스터
Westminster
Horseferry Rd.
Lambeth Bridge
Museum of
Garden History
Lambeth Rd.
Lambeth Walk
Grange
Rochester Hotel
Page St.
웨스트 민스터 병원
Westminster Hospital
Albert Embankment
Lambeth Walk
Gilson Rd.
Fitzalan St.
3
Hide Place
Marsham St.
Regency St.
Vincent St.
Erasmus St.
Henry St.
John Islip St.
테이트 브리튼 갤러리
Tate Britain
Black Prince Rd.
램베스
Lambeth
Vauxhall Bridge Rd.
Douglas St.
John Islip St.
Millbank
Vauxhall Walk
Tyers St.
Jonathan St.
Vauxhall St.
Sancroft St.
Newnum St.
Aveline St.
Victoria Line
Pimlico
핌리코
Belgrave Rd.
Moreton
St.
Lupus St.
Bessborough Pl.
Aylesford St.
Vauxhall Bridge
Glawsshouse Walk
4
Claverton St.
Grosvenor Rd.
Wandsworth Road
Vauxhall Sta.
복스홀 역
Vauxhall
복스홀
Kenington Lane
South Lambeth Road
Harley Ford Road
Kenington Oval
The Oval
Cricket Ground
Westminster Boating Base & Pier
River Thames
템즈강
꽃시장
Flower Market
C
D

👁 명소

버킹엄 궁전
Buckingham Palace

- P.18B2
- St. James Park역에서 도보 10분
- 44-20-7930-4832
- 9:45~18:00
  마지막 입장시간 15:45
  근위대 교대식 5~7월 매일 오전 11:15
  그 외 기간에는 격일로 거행,
  관람 전에 확인 요망
- 성인 £14, 학생과 60세 이상 £12.5, 5~17세 £8, 5세 이하 무료, 가족표 £36(최대 성인 2명과 17세 이하 어린이 3명). 인터넷이나 전화로 예약 가능, 수수료 £1.25, 카드 사용 가능.
- www.royal.gov.uk

영국 여왕이 지금 버킹엄 궁전(Buckingham Palace)에 있는지를 알고 싶다면 방법은 간단하다. 고개를 들어 궁전 정면 위쪽을 봤을 때 왕실 깃발이 걸려있으면 여왕

국회의사당/빅벤
House of Parliament/Big Ben

- P.19D2
- Westminster역에서 도보 3분
- 44-20-7219-4272
  티켓 예매 44-87-0906-3773
- www.parliament.uk
- ⚠ 외국 관광객은 여름철 휴회 기

웨스트민스터 사원
Westminster Abbey

- P.19C2
- 20 Dean's Yard, Westminster Abbe
- 44-20-7222-5152
- 성인 £10, 16세 이하와 60세 이상 £7, 가족표 £24(최대 성인 2명과 어린이 2명, 성인 1명과 어린이 3명
- 월요일~금요일 9:30~15:45
  수요일 9:30~18:00
  토요일 9:30~13:45)
- Westminster역
- www.westminster-abbey.org

영국 왕실의 대관식과 장례식 같은 중요한 공식행사는 거의 웨스트민스터 사원(Westminster Abbey)에서 거행된다. 웨스트민스터 사원 안에는 왕실무덤이 많이 있어 분위기가 기이하면서도 장엄하다. 영국 최고의 건물을 충분히 관람했다면 챕터 하우스로 가서 아직도 남

아있는 13세기 건축 당시의 타일을 구경하자. 유명한 문학가 코너에는 셰익스피어, 디킨스 같은 문호의 기념비와 문물이 있다.

이 안에 있는 것이다. 1837년 빅토리아 여왕이 이곳으로 옮겨온 이후 버킹엄 궁전은 영국 왕실의 주거지가 되었고 집무와 주거의 기능을 담당 하고 있다. 현재는 엘리자베스 여왕과 남편 에든버러공 이 왕실 직원들과 함께 거주하고 있다. 현재 버킹엄 궁전은 왕좌실, 음악실, 영빈관을 개방하고 있으며 관람 전 미리 예약하는 것이 좋다.

영국의 상징 중의 하나인 근위대 교대식은 관광객들이 가장 좋아하는 행사이다. 검정색의 높은 모자를 쓰고, 붉은색과 검정색의 제복을 입은 근위대의 모습에서 영국 전통의 멋을 느낄 수 있다. 교대식을 보려면 아침 일찍 가야 교대식이 진행되는 영빈관 옆의 좋은 자리를 차지할 수 있다.

간에만 관람할 수 있다. 관람 시간은 8월 1일~9월 30일이며 미리 예약해서 단체관람을 한다. 입장료는 성인 £12. 매표소는 국회의사당 빅토리아 파크 맞은편 Abingdon Green Street 에 있으며 7월 중순부터 판매를 시작한다.

신고딕양식으로 지어진 국회의사당은 정확한 시간을 알려주는 빅벤과 함께 런던의 상징이다. 국회의사당에 있는 두 개의 탑 중에서 북쪽의 시계탑이 바로 빅벤이다. 높이 96m, 무게 14톤의 거대한 빅벤은 1859년부터 지금까지 매일 정확한 시간을 알려주고 있다.

세인트 제임스 파크
St. James's Park

- P.19C2
- St. James Park역에서 도보 3분
- 44-20-7298-2000
- 5:00~0:00
- 무료
- www.royalparks.gov.uk

버킹엄 궁전 맞은편에 있는 세인트 제임스 파크(St. James's Park)는 1532년 영국왕 헨리 8세에 의해 런던 왕실공원으로 지정되었고 19세기 초 영국의 건축가 John Nash가 더욱 아름답게 꾸며 지금은 런던 시내에서 가장 아름다운 공원으로 손꼽히고 있다. 세인트 제임스 파크는 풍잉의 기다란 연못에 각종 오리들이 모여 있어 오리공원이라고도 불린다. 세인트 제임스 파크의 다리에서 호수 건너편으로 바라다보이는 버킹엄 궁전의 경치는 매우 아름답다. 18세기 이후 세인트 제임스 파크의 녹지 위에 있는 의자는 사람들에게 임대 형식으로 제공되고 있다. 가격이 비싸지는 않지만 공원의 의자에 앉으려면 돈을 내야 하는 것이 재미있다.

더 몰
The Mall

P.18C2

Cl·D·V·BR선 Victoria역, J·P·V선 Green Park역, Cl·D선 St. James Park역

더 몰(The Mall)은 버킹엄 궁전 바로 맞은편에 있는 빅토리아 여왕 기념비와 해군 본부의 아치문 사이의 큰 길로, 총 길이는 800m이다. 길 양 옆의 경관이 매우 깔끔하고 수려하여 산책하기 좋다.

더 몰은 왕실열병을 할 때 반드시 지나가는 거리로, 일요일 10:00~16:00까지 차량 통행을 금지한다. 그때 만큼은 널찍한 보행로가 되어 산책의 즐거움을 만끽할 수 있다.

테이트 브리튼 갤러리
Tate Britain

- P.19C3
- Pimlico역에서 도보 8분
- Millbank, London SW1P 4RG
- 44-20-7887-8888
- 10:00~17:50
  매월 첫째 주 금요일 야간개방
  18:00~22:00
- 12월 24일~26일
- 무료 입장.

특별전시회는 별도 티켓을 구매해야 함.

www.tate.org.uk/britain

　테이트 브리튼 갤러리(Tate Britain)는 영국 전역에 14개의 분관을 가지고 있는데 그중 런던의 테이트 브리튼 갤러리가 가장 인기가 좋다. 16세기부터 지금까지의 영국 회화와 각 국의 현대예술품을 소장하고 있으며 그중에서 라파엘로와 JMW Turner의 작품이 가장 유명하다.

런던 아이
London Eye

- P.19D2
- Waterloo역이나 Westminster역에서 도보 5분
- 44-87-0990-8883
- 6~9월 10:00~21:00,
  10~5월 10:00~20:00
- 1월 3~8일, 12월 25일
- 성인 £13.5, 어린이 £6.75, 노인 £10.80, 5세 이하 무료
- www.ba-londoneye.com
- 인터넷 예매시 10% 할인

　밀레니엄을 기념하기 위해 세계각지에 많은 기념지들이 생겨 났는데, 런던 아이도 그중의 하나이다. 런던 아이(London Eye)는 템즈강 남쪽에 서있는 세계에서 가장 큰 관측용 놀이기구로, 런던을 한눈에 내려다볼 수 있어 사람들의 사랑을 받고 있다. David Marks와 Julia Burfield가 디자인하였으며 높이는 135m로 빅벤의 두 배이다. 현재 런던에서 4번째로 높은 건축물이라고 한다.

　런던 아이에는 총 32개의 캡슐이 있고 각 캡슐에 25명이 탈 수 있다. 런던 아이가 공중에서 30분 동안 360도 회전하는 동안, 사람들은 런던 주위 25마일 내의 경치를 굽어볼 수 있다.

템즈강
River Thames

🛫 P.18+P.19

🚇 B·CI·D·N선 Embankment역,
CI·D선 Weatminster역

🏠 웨스트민스터 부두나 차링크
로스 부두가 있는 강 부두

💲 유람선 편도 £5~8
왕복 £6~12

세느강이 파리의 연인들에게 낭만을 주었다면 템즈강은 런던의 병사들에게 호방함을 가져다주었다. 유람선을 타고 넓은 강에서 다양한 양식으로 지어진 건물을 감상하며 대영제국이 해상왕국으로 세계를 제패하던 예전의 영광을 회상해보자.

템즈강은 줄곧 런던 역사에서 중요한 위치를 차지해왔다. 8~9세기 바이킹은 템즈강을 통해 침략했고, 대영제국이 해상의 패권을 장악했을 때는 왕실의 해군기지로써 주요 상업교통의 요충지 역할을 했다.

20세기부터 대형선박의 출입을 금하면서 템즈강은 점차 런던 유람선 관광의 명소가 되었으며 특히 밤에 다리의 눈부신 야경을 감상하다 보면 다른 대도시에 비해 차분하면서 아늑한 아름다움을 느낄 수 있다.

유람선 코스는 상행선과 하행선으로 나뉜다. 상행선은 멀리 햄프턴 궁전까지 가고 중간에 퍼트니(Putney), 큐(Kew), 리치몬드(Richmond) 등에서 정박한다. 하행선은 멀리 템즈강 수문까지 가고 런던탑과 그리니치를 지난다. 일반적으로 상행선은 여름에만 운행된다.

템즈강의 유람선 코스 중 가장 인기 있는 것은 웨스트민스터 부두에서 타워브릿지까지의 구간으로, 국회의사당과 웨스트민스터 사원 등 런던의 주요 건축을 따라 약 30분 정도 항해한다. 다른 항로는 웨스트민스터 부두에서 출발한다.

안야 하인드마치
Anya Hindmarch

P.18A2

🏠 The Stable Block Plough 13rewery 516 Wandsworth Road

44-20-7501-0177

www.anyahindmarch.com

19살의 나이로 창업한 Anya Hindmarch는 창업 당시만 해도 이탈리아에서 디자인을 공부하고 영국으로 귀국한 어린 소녀였다. Anya는 Harpers & Queen의 의뢰를 받아 가방을 디자인했는데 반응이 좋아 창업의 경제적 기반을 닦았다. 1993년 23살의 Anya는 런던의 첼시지구에 첫 번째 가게를 냈다. 그녀만의 정교하면서 독특한 가방과 가죽제품은 런던 여인들의 사랑을 듬뿍 받았다.

브랜드의 지명도가 올라감에 따라 Anya Hindmarch는 런던의 최고 백화점에 입점하게 되었다. 1999년에는 가죽에 사진을 프린트한 가방과 정교한 가죽제품을 포함한 Blue Label을 개척했으며 2001년에는 영국패션협회에서 선정한 '올해의 디자이너'로 선정되었다. 도쿄, 오사카, 로스앤젤레스 등 대도시에도 매장을 오픈했는데 특히 로스엔젤레스 매장은 헐리우드 스타들이 즐겨 찾고 있다.

Anya Hindmarch의 가방과 가죽제품엔 작은 리본 모양의 브랜드마크가 새겨져 있다. 2001년에 출시된 'Be a Bag' 시리즈는 손님이 좋아하는 사진을 가져오면 개인적으로 기념할 수 있는 '사진가방'을 만들어 (제작 소요기간 3~4개월)주는 것으로 그 지명도를 더욱 높여 주었다.

Anya Hindmarch

더 할킨
The Halkin

- P.18A2
- Halkin Street, Belgravia, London SW1X7DJ
- The Halkin 44-20-7333-1000
  Nahm 44-20-7333-1234
- 객실 £390~1,400.
  Nahm 점심세트 :
  메인요리 2가지 1인당 £18, 4가지 1인당 £26,
  저녁세트 :
  메인요리 5가지 1인당 £47, 메인요리 한 개당 £13.5~22.
- www.halkin.como.bz

10여 년의 역사를 지닌 Halkin은 현대적인 스타일로 만들어진 고급 호텔로 영국식 고전미와 현대미가 공존하는 런던의 일류 호텔이다. 런던에 대사관이 가장 많이 집중된 벨그라비아(Belgravia) 지역에 위치하며 외관은 다른 대사관들과 같은 미백색의 고전적인 모습이다. 유머러스하게 걸린 영국 국기가 호텔이라는 것을 겨우 알려주고 있으며 호텔에 묵는 손님들이 자신만의 방식으로 편안하게 쉴 수 있도록 하는 것이 Halkin의 경영방침이다.

Halkin의 객실에는 이탈리아산 침대, 이집트산 면 침대시트가 제공되며 모던한 장식은 동양적 정서가 느껴진다.

호텔과 함께 유명한 레스토랑 Nahm은 Halkin에 속해있는 것이 아니어서 모습이 드러나진 않지만 유럽에 있는 태국 식당 중 유일하게 미슐랭에서 별을 획득하였다. 주방장 David Thompson은 태국 황실 출신의 스승으로부터 요리법을 전수받았으며 태국음식의 기원과 문화적 배경, 태국음식 만드는 법을 기술한 백과사전과 같은 'Thai food'를 저술했다.

더 메트로폴리탄
The Metropolitan

P.18B1
Old Park Lane, London W1Y 4LB
44-20-7447-1000
Met Bar :
월요일~토요일 11:00~3:00
일요일 12:00~22:30
월요일~토요일 18:00 이후와 일요
일은 회원과 호텔손님만 이용 가능.
Nobu 일식당 :
월요일~금요일 12:00~14:15
18:00~22:15
토요일 18:00~23:15
일유일 18:00~21:45
객실 £375~3,200
Nobu 일식당 :
초밥과 생선회(개당) £2.4~4.75
마끼(개당) £3.5~9
메인요리 £14~23.5, 특별요리
£5~29.5
www.metropolitan.co.uk

The Metropolitan은 The Halkin과 함께 COMO그룹의 계열사로, 심플하며 모던한 멋이 느껴지는 호텔이다. 런던의 고급 호텔이 밀집한 파크 레인(Park Lane)에 위치하고 있으며 1997년 문을 연 당시에 심플한 디자인으로 화려하고 웅장한 런던의 호텔계에서 많은 화제를 일으켰다. Halkin의 정교하고 차분한 분위기와는 달리 Metopolitan의 객실은 넓고 시원시원하게 꾸며져 미국의 비즈니스맨, 유명 디자이너, 인기스타들이 자주 찾으며 펜트하우스에는 거물급 스타들이 머물기도 했다. 펜트하우스는 최고층에 위치하고 있어 그린파크의 전경이 한눈에 들어온다. 안에는 침실, 거실 외에 호화로운 욕실이 있는데 욕실에는 고급 앵두나무 욕조가 있어서 거품목욕을 하면서 창밖의 아름다운 전경을 감상할 수 있다.

부대시설인 Met Bar는 런던에서 인기 있는 술집으로 낮엔 대외개방을 하고 18:00 이후에는 회원과 호텔손님만 이용할 수 있는데 항상 손님들로 가득하다. Nobu는 전 세계적으로 이름 있는 일식당으로 주방장 노부유키 마츠히사가 남미의 재료에 일식 요리법을 접목시켜 1998년 미슐랭에서 별을 획득했다.

AD 2000 THE GREAT CO
ajor retrospective
the great English
omantic painter
legendary power
legendary wealth
legendary kings
AMUEL
PALMER
Until 22 January 2006
Room 35
FORGOTTEN EMPIRE

코번트 가든
Covent Garden & Soho
소호

코번트 가든 & 소호

Covent Garden & Soho

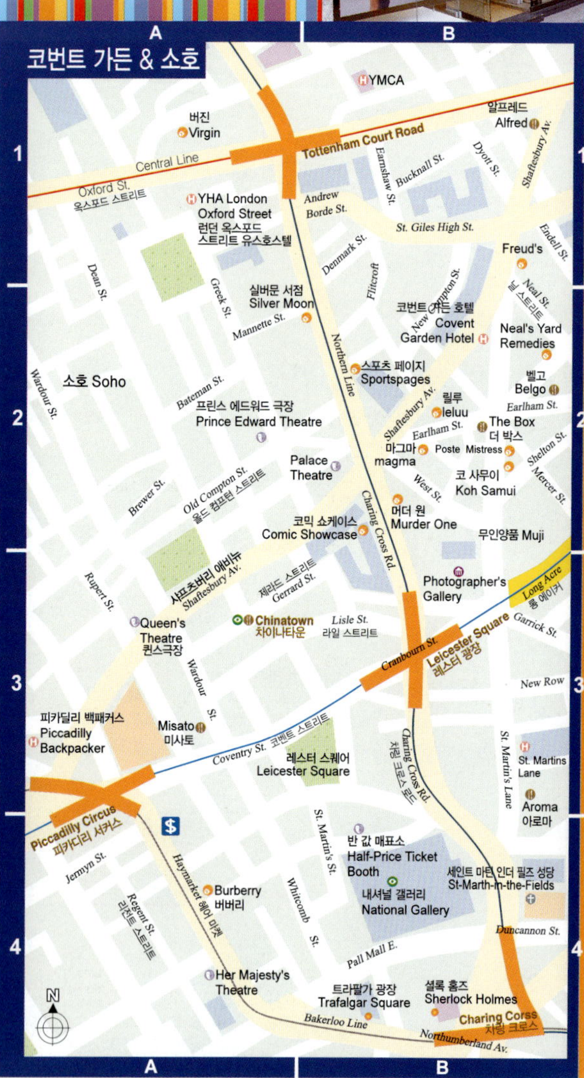

코번트 가든은 런던 제일의 노천 광장으로 런던을 생생하게 느끼기 위해 가장 많은 관광객들이 모이는 곳이다. 이 지역은 오랫동안 런던 연극의 중심지였으며 소호 지구와 연결되어 지금은 예술인과 쇼핑의 거리로 유명하다.

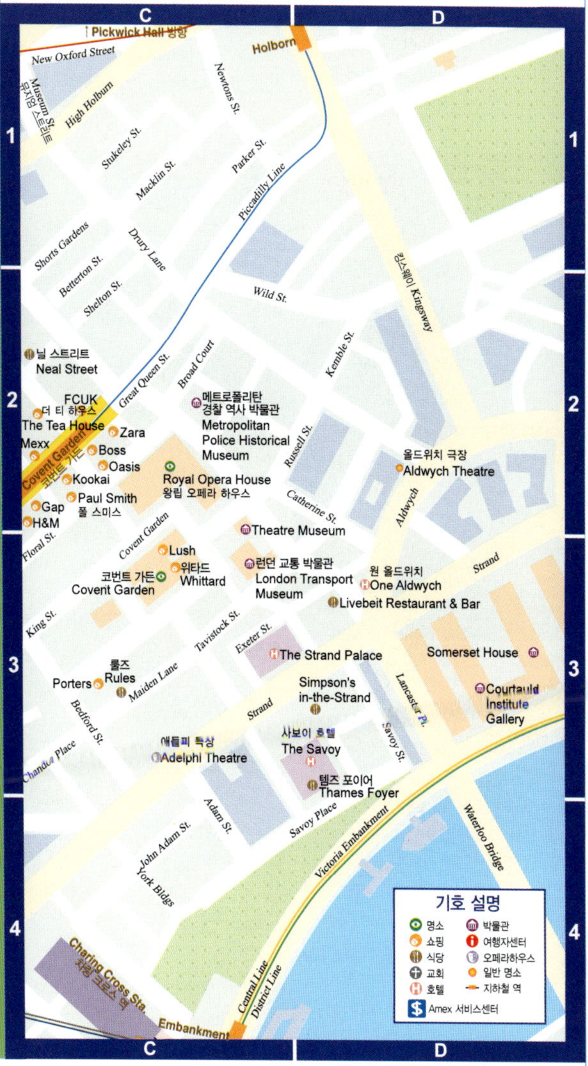

코번트 가든
Covent Garden

 P.31C3
 Covent Garden역에서 도보 1분
 9:00~17:00(국경일 휴무)

 유리강철 지붕으로 덮인 코번트 가든(Covent Garden)에는 젊음이 가득하다. 지하에는 두 곳의 카페가 있고 주위엔 독특한 물건을 파는 가게들이 있다. 지상 건물은 노스·센터·사우스의 세 구역으로 나뉘어 다양한 상점과 고물시장인 애플 마켓(Apple Market)과 주빌리 마켓(Jubliee Market)이 들어서 있다.
 이곳의 상점들은 반나절이면 둘러볼 수 있다. 영국을 대표하는 Bodyshop, 다양한 모양의 초를 파는 Candle Shop, 영국의 미니 모형집과 인형을 진열해 놓은 The London Doll House, 각종 완구들이 동심을 끄는 Wonders, Peter Rabbit & Friends 전용 매장, 목욕용품점인 LUSH 등이 대표적이다.

소호 지구
Soho

 P.30A1~B4

 런던에서 먹고 마시고 놀기에 가장 좋은 곳을 찾으라면 소호(Soho)만한 곳이 없다. 소호 지구는 차링 크로스 로드(Charing Cross Road)와 옥스포드 로드(Oxford Road), 리전트 스트리트(Regent St.)사이의 일대를 가리킨다.
 소호 지구는 1959년 이전부터 줄곧 유흥가의 역할을 해왔다. 지금도 많은 이민자들, 다양한 문화, 여러 지방색들이 학문의 거리 차링 크로스 로드까지 퍼져서 극장가

레스터 스퀘어
Leicester Square

 P.30B3
 Leicester Square역에서 도보 3분.
 www.londontheatre.co.uk

 레스터 스퀘어(Leicester Square)역에서 피카딜리 서커스(Piccadilly Circus)역의 코번트리 스트리트(Coventry St.)까지가 소위 웨스트엔드의 중심지이자 런던에서 가장 유명한 극장가이다. 40여 개의 극장이 모여 있다. 티켓을 구매할 때에는 극장 매표소에서 직접 구매하거나 인터넷으로 구매할 수 있는데, 좀 더 저렴한 티켓을 구하고 싶다면 레스터 스퀘어 옆에 있는 반값 매표소에서 당일 웨스트엔드 극장의 남은 티켓을 찾아보자. 수량이 한정되어 있어 빨리 가야 살 수 있고 결제는 현금만 가능하며 수수료를 받는다.

레 미제라블
Les Miserables

 Shaftesbury Ave.(Queen's Theatre)
 44–20–7434–0909
 www.lesmis.com

오페라의 유령
The Phantom of the Opera

 Haymarket (Her Mahesty's Theatre)
 44–20–7494–5400

인 샤프츠버리 에비뉴(Shaftesbury Ave.,) 유행의 전위부대 카나비 스트리트(Carnaby), 식도락가들이 모이는 제라드 스트리트(Gerrard St.,) 동성애자들의 본거지 올드 컴프턴 스트리트(Old Compton St.)등을 이루었다. 이들은 모두 소호 지구에 활력을 불어넣고 있다.

www.thephantomoftheopera.com

시카고
Chicago

Strand(Cambridge Theatre Theatre)

44-29-7344-0055

www.chicagothemusical.com

내셔널 갤러리
National Gallery

✈ P.30B4

☎ 44-20-7747-2885

🚇 B·J·N선 Charing Cross역,
N·P선 Leicester Square역

🕐 매일 10:00~18:00
수요일 21:00까지 연장개방

休 1월 1일, 12월 24일~26일

$ 무료

🌐 www.nationalgallery.org.uk

　다양한 작품을 소장하고 있는 내
셔널 갤러리(National Gallery)는 양
쪽 측면을 4개의 전시실로 나누
어 모든 작품을 시대순으로 전시하
고 있다. 1991년 완공된 세인스버
리 윙(Sainsbury Wing)에는 1260년
~1510년까지의 초기 르네상스 시
대의 작품이 전시되어 있는데 다빈

치의 ≪성안나와 마리아와 예수≫
도 포함되어 있다. 웨스트 윙(West
Wing)에는 1510년~1600년대 르네
상스 전성기의 이탈리아와 독일의
대형 회화작품이 많이 소장되어 있
다. 노스 윙(North Wing)에는 1600
년~1700년대의 네덜란드, 이태리,
프랑스, 스페인의 회화작품이 전시
되어 있다. 이곳에는 두 개의 렘브
란트 전용 전시실이 마련되어 있
으며 디에고 벨라스케스의 작품
≪The Toilet of Venus≫가 전시
되어 있다. 이스트 윙(East Wing)
에는 18, 19, 20세기 초의 베네치
아, 프랑스, 영국의 회화작품을 포
함한 1700년~1900년대 회화 작
품이 전시되어 있다. 특색 있는 풍
경화를 비롯한 낭만파와 인상파의
많은 걸작들을 볼 수 있다.

트라팔가 스퀘어
Trafalgar Square

✈ P.30B4

🚇 B·J·N선 Charing Cross역

　1841년에 조성된 트라팔가 스퀘어
(Trafalgar Square)는 1805년 트라팔
가 해전에서 나폴레옹 군대를 대파
하고 전사한 넬슨 제독을 기념하기
위해 조성되었다.

　이곳의 중앙에는 높이 52m의 코
린트식 원기둥이 있는데 기둥 꼭대
기에 넬슨 제독의 동상이 있으며
기둥의 기단에는 각 전쟁을 묘사한
부조가 있다. 밤이 되면 분수의 현란
한 조명이 색다른 모습을 연출한다.

런던 교통 박물관
London Transportation Museum

 P.31C3

 Covent Garden역에서 도보
3분

 Covent Garden Piazza,
London WC2E 7BB

 44-20-7565-7298

 화요일~목요일 10:00~18:00
금요일 11:00~21:00
12월 24일~26일 휴관

 성인 £8, 학생 £5

 www.ltmuseum.co.uk

런던과 영국의 교통시스템의 변화를 알고 싶다면 런던 교통 박물관(LTM)이 안성맞춤이다. 1820년대의 4륜마차와 2륜마차, 현재의 버스, 기차, 지하철, 택시 등 각종 교통수단의 변화를 한눈에 볼 수 있다. 실물과 함께 자세한 설명이 곁들여 있고 관람객이 직접 운전석에서 각종 교통수단을 조종해 볼 수도 있다. 박물관은 총 14개의 전시실로 나뉘어 있으며 각각의 전시실의 관람을 끝내면 도장을 찍어주는데 이것은 좋은 기념품이 된다.

세인트 마틴 인더필즈
St. Martin in the Fields

 P.30B4

 B·J·N선 Charing Cross역

 월요일~토요일 10:00~20:00,
일요일 12:00~20:00

 www.stmartininthefields.org

세인트 마틴 인 더 필즈 성당(St. Martin in the Fields)은 내셔널 갤러리의 동쪽에 세워진 첨탑식 건물이다. 1726년에 James Gibbs에 의해 완공되었으나 그 역사는 13세기로 거슬러 올라간다.

세인트 마틴 인 더 필즈 성당의 식민지양식은 미국의 성당 건축양식에 큰 영향을 미쳐 미국의 많은 성당이 이 양식을 따라 지어졌다. 이곳에서는 낮에 항상 실내악이 연주되므로 언제든지 가서 감상할 수 있다.

세인트 마틴 인더필즈 성당에 갔다면 Cafe in the Crypt는 꼭 들러보자. 카페의 은은한 조명은 18세기 석굴에 신비롭고 장엄한 분위기를 더해준다. 커피값도 그리 비싸지 않다.

올드 컴프턴 스트리트
Old Compton Street

P.30A2

N·P선 Leicester Square역

소호 지구의 주요 거리로, 오랫동안 작가, 예술가, 음악가들이 머물

던 지역이었지만 지금은 동성애자들의 본거지로 더 유명하다. 마르크스, 모짜르트, 뉴턴이 이곳에 살았었다고 한다. 올드 컴프턴 스트리트(Old Compton St.)를 걷다보면 몇 걸음 간격으로 카페가 들어서 있는데 모두 가볼 만하다. 카페에서는 영국 사람들이 애프터눈 티만 마시는 게 아니라는 사실을 확인할 수 있다. The French House, Wheeler's의 식사는 매우 훌륭하며 그 외에 60호의 Balans, 53호의 Comptons of Soho, 35호의 Old Compton Cafe, 64호의 Clone Zone, 261호 Coltherine도 좋다.

피카딜리
Piccadilly

P.38A3

B·P선 Piccadilly Circus역

17세기에 Robert Baker라는 재봉사는 'Picadils' 라는 이름의 옷을 만들어 팔아 부자가 되었는데, 후에 이것이 변하여 지금의 피카딜리(Picadilly)가 되었다.

19세기 John Nash가 조지 4세를 위해 리전트궁에서 피카딜리와 리전트 스트리트를 지나 리전트 파크까지 연결되도록 길을 설계하였는데, 근처의 여러 간선도로가 모이면서 오늘날의 피카딜리가 형성되었다.

피카딜리에서 가장 유명한 것은 분수 위에 있는 에로스의 동상이다. 에로스는 그리스 신화에 등장하는 사랑의 신으로, 한발로 활을 잡아 평형을 이룬 모습이 눈길을 끈다.

🎁 쇼핑

쇼핑 스트리트
Shopping Street

🔺 P.30B3+P.31C2

🔵 Covent Garden역에서 Poste Mistress까지 도보 10분

🕙 10:00~18:00
목요일 10:00~19:00

런던의 여성들에게 어디에서 쇼핑을 하냐고 묻는다면 대부분 쇼핑 스트리트(Shopping Street)라고 대답할 것이다. 쇼핑 스트리트는 롱 에이커(Long Acre)와 몬머스 스트리트(Monmouth Street)의 교차로에 있다. 코번트 가든역에서 나와 오른쪽으로 가면 Oasis, French, Connection, ZARA 등 유럽의 여성들이 좋아하는 브랜드의 매장이 늘어서 있다. 대부분 중저가의 패셔너블한 스타일로 18세~40세가 주 구매고객층이다. 왼쪽으로 가면 Mexx, Levi's, Gap, H&M 등 외국 브랜드들이 멋스러운 스타일로 런던 젊은이들의 마음을 사로잡고 있다. Kookai, Warehouse, Next 등은 런던 여성들이 열광하는 패션 매장이다. 일본 생활용품 브랜드인 Muji는 심플한 디자인의 문구와 집안 장식품으로 최근 유럽에서 인기를 얻고 있다.

몬머스 스트리트에 있는 Poste Mistress와 Koh Samui도 빼놓을 수 없다. Poste Mistress는 신발 애호가들을 위한 전문매장으로 각종 하이힐과 새로운 스타일의 부츠가 사람들의 마음을 사로잡는다. Koh Samui는 런던의 품위 있는 사람들이 좋아하는 고급 명품점으로, MiuMiu, Marc Jacobs의 브랜드를 고를 수 있다. 가격은 비싸지만 유명 스타들이 즐겨 찾는다고 한다.

마그마
Magma

🔺 P.30B2
🌐 Covent Garden이나 Leicester Square역에서 도보 7분
🏠 117–119 Clerkenwell Road, London EC1R 5BY
☎ 44–20–7242–9503
🕐 월요일~토요일 10:00~19:00
🌐 www.magmabooks.com

마그마(Magma)는 서점인 동시에 독특하고 기발한 아이디어 상품을 파는 곳이다. Magma에 오는 사람들은 물건을 사기 위해서만이 아니라 영감을 얻고 스스로를 개발하기 위해서도 이곳을 찾는다. 그래서 Magma는 런던에서 대담함과 자극의 상징이 되었다.

시각디자인, 인터넷, 건축, 실내 인테리어, 광고, 촬영, 패션, 예술 등 여러 분야의 창조적인 서적과 잡지들을 구비하고 있는 Magma는 영국에 이미 3개의 분점(런던에 2개, 맨체스터에 1개)을 가지고 있고 홈페이지를 통해 최신 서적과 도서 예약 서비스를 제공한다.

Magma의 목표는 디자인 전문서점이 되는 것만은 아니다. 유럽, 미국, 일본의 독립제작자들이 만든 영화, CD, 노트, 문구, 완구를 소개하는 것도 그들의 경영 목표 중 하나이다. Magma는 가게에 방문하는 모든 사람들에게 꼭 필요한 것이 무엇인지 알려주기를 희망한다.

사장인 On Wingrave는 '세계의 개혁과 변화를 보는 것'이 Magma의 철학이라고 소개한다. 창의적인 영감이 필요한 사람은 이곳에서 원하는 것을 얻을 수 있을 것이다.

릴루
leluu

 P.30B2

 Covent Garden이나 Leicester Square역에서 도보 7분

 3-5 Earlham Street, Covent Garden, London WC2H 9LL

 44-20-7836-2255

 월요일~토요일 10:00~19:00, 일요일 12:00~18:00

 덴마크제 Grenness 치마 £59, 영국제 sticky fingers 치마 £85, 슈트 £149

 www.leluu.net

홍콩 사람처럼 생긴 가게주인 Uyen Luu는 사실 베트남계 영국인이다. 원래 그녀는 영화를 선공했었지만 패션에 관심이 많아 아예 사업을 시작했다고 한다. Uyen은 6개월에 한 번씩 외국에 나가 물건을 들여온다. 유럽에서는 주로 의류를 구매하고 베트남에서는 자수 가방과 잡화를 대량 구매하여 런던으로 가져온다고 한다.

leluu는 패션 감각이 있는 여성을 위한 생활용품점이다. 이곳에는 옷, 가방, 신발 외에도 잠옷, 슬리퍼, 베개, 비누, 초 등 어러 가지 제품이 있다. Uyen은 자신이 좋아하는 물건을 가게에 들여놓는다. 그녀 자신이 서양에 살고 있는 동양인이기 때문에 동서양 스타일이 공존하는 것이 많고, 섹시함을 좋아하는 개인적 성향도 진열된 상품을 통해 알 수 있다. 동양과 서양의 조화로운 스타일은 leluu 곳곳에서 볼 수 있으며 여성미와 독창성이 뛰어나다.

닐 스트리트
Neal Street

P.30B2

P선 Covent Garden역

닐 스트리트(Neal Street)는 15세기의 정취가 가득한 상점가로 이곳에서는 진기하며 기이한 점포들을 볼 수 있다. 별자리 전문점인 The Astrology Shop과 양초와 병, 용기 등을 파는 Candlewich Green, 진주 전문점 The Bead, 양 관련 상품 전문점 Sheep Shop 등이 있다. 길 끝에 있는 Niel's Yard는 건강식품의 총 집합지로, 그곳에서는 요거트, 녹차, 초약, 정유 등을 살 수 있다.

뮤지엄 스트리트
Museum Street

P.31C1

Russell Square역

대영박물관 정문 바로 맞은편에 있는 작은 거리로 주의하지 않으면 그냥 지나칠 수 있다. 거리는 비록 짧지만 예술적인 분위기가 물씬 풍긴다. 거리 양쪽엔 크고 작은 중고 서점, 지도가게, 고서점, 서화점 등이 있어 구경할 만하다.

그 외에 그레이트 러셀 스트리트(Great Russel St.)의 13.14호 Cinema Bookshop도 가볼 만하다.

실버문 여성 서점
Silver Moon Women's Bookshop

- P.30B2
- B·J·N선 Charing Cross Road역
- 113–119 Charing Cross Road, London, WC2H 0EB
- 44–20–7440–1562
- 월요일~금요일 9:30~19:30
  토요일 10:00~18:30
  일요일 12:00~18:00

'유럽 최대의 여성 서점, 환영합니다!' 서점 입구에 세워 놓은 간판이 이곳에 대해 알려준다. 서점 안으로 들어가면 다양한 여성 서적이 있는데 여성주의, 여성 범죄학 관련 서적은 물론 여성 동성애 관련 문학과 비문학류의 서적들도 있다. 서점 앞의 원서를 쌓아놓은 고서점들이 사람들에게 위화감을 조성하는데 비해 이곳은 자유로운 분위기이다. 서점 에서는 머그잔, 티셔츠, 식품, 가방, 카드 등을 판매하며 우편서비스도 제공한다.

코믹 쇼케이스
Comic Showcase

- P.30B2
- 63 Charing Cross Road, WC2H
- 44–20–7434–4349

코믹 쇼케이스(Comic Showcase)는 탐정소설 전문점인 머더 원(Murder One)의 맞은편에 있다. 유럽과 미국의 각종 만화, 만화잡지, 성인만화를 파는 전문서점으로 일본 만화 원서도 볼 수 있다.

머더 원

Murder One

P.30B2

76-78 Charing Cross Road, WC2H OBD

44-20-7539-8820

월요일~수요일 10:00~19:00
목요일~토요일 10:00~20:00
일요일 12:00~18:00

www.murderone.co.uk

탐정추리소설, 범죄소설을 전문으로 하는 서점이다. 이곳에서는 셜록홈즈 시리즈 소설이 가장 인기가 있고 그 외에 공상과학소설도 판매한다.

1층에 있는 파이프를 들고 있는 셜록홈즈 인형이 서점에 미스테리한 분위기를 더해주고 있다. 지하 1층은 공상과학, 미스테리 소설의 전용 창구로 중고서적과 각종 절판 서적들을 찾을 수 있다.

스포츠 페이지

Sportspages

P.30B2

94-96 Charing Cross Road, WC2H

44-20-7240-9604

스포츠 페이지(Sportspages)는 운동 관련 서적, 잡지, 비디오테이프를 파는 서점이다. 사회과학류와 레져 관련 서적들도 있고 축구복, 운동 티셔츠 등 기념품도 판매한다.

서점에서 판매하는 물건이나 장식을 보면 서점 주인이 굉장한 스포츠 팬이라는 것을 알 수 있다. 서점 안의 TV에서는 항상 각종 스포츠 경기가 방영되고 있고 카운터 앞의 칠판에는 축구팬들이 관심을 가지는 최근 경기 성적을 적어놓았다.

템즈 포이어
The Thames Foyer

P.31D3

The Savoy, Strand, London, WC2R 0EU

44-20-7836-4343

월요일~금요일 14:30~17:30, 토요일~일요일 14:00~16:00, 16:00~18:00

월요일~금요일 1인당 £24
토요일·일요일 £2
샹파뉴 애프터눈 티 시리즈 £31.5, £34.5

www.thesavoygroup.com

사보이 호텔 안에 있는 커피숍으로 백 년의 역사를 지니고 있다. 이곳에서는 오랜 전통을 가진 애프터눈 티와 커피 외에도 훈제생선, 과일 파이, 수제영국식 빵 등을 제공하며 피아노 연주를 라이브로 들을 수 있다. 영국식 애프터눈 티로 장식한 3칸짜리 된 전용 간식 선반을 보면 영국만의 특별한 전통적인 정서를 느낄 수 있다.

위타드
Whittard

P.31C3

Union Court 22, Union Road London SW4 6JP

44-20-7819-6510

www.whittard.co.uk

영국의 위타드(Whittard)는 정교하고 아름다운 찻잔 세트와 주변도구를 선보인 것으로 유명하다. 이곳에서는 머그잔, 빅토리아식 찻잔, 찻주전자, 간식접시, 식탁보, 냅킨 등을 비롯하여 각종 홍차, 과일 차, 허브차, 자체 제작한 잼, 초콜릿 등을 판매한다. 애프터눈 티세트는 비싸지 않으므로 구입하는 것도 기념이 될 것이다. 자기 잔 2개와 자기 주전자 1개가 £13부터이고 스테인레스제품 찻주전자가 £35부터이다.

더 티 하우스
The Tea House

P.30C2

15 Neal Street, London WC2

44-20-7240-7539

더 티 하우스(The Tea House)는 차와 차 제품을 구입하기 좋은 곳으로 주로 중국차와 일본차를 판매한다.

룰즈
Rules

P.31C3

35 Maiden Lane, WC2E 7LB

P선 Covent Garden역,
B·J·N선 Charing Cross역

월요일~토요일 12:00~23:30,
일요일 12:00~22:30

44-20-7836-5314

www.rules.co.uk

룰즈(Rules)에서는 과거 귀족들만 즐기던 진기한 요리를 맛볼 수 있다. 요즘에는 전통적인 사냥고기를 맛볼 수 있는 식당이 그리 많지 않은데, 오랜 역사의 Rules는 과거 귀족들의 음식문화를 경험할 수 있는 대표적인 식당으로 일 년에 두 번 대폭 메뉴를 바꾼다. Rules의 사장은 요오크에 사냥터를 가지고 있어 사냥고기를 안정적으로 공급하고 있다.

육류를 주로 먹는 영국인들은 가축류를 헨리 8세에게 상납하였는데 그중 소를 제일 귀하게 여겼다. 영국에선 어떤 동물이든지 가장 맛있는 부위를 'Loin의 허리'라고 하는데, 여기에는 다음과 같은 이야기가 전해진다. 어느 날 헨리 8세가 소의 허리 부위를 아주 맛있게 먹고는 기뻐하며 그 자리에서 기사작위를 수여하여 'Sir Loin' 이라 부르게 되었다는 것이다.

런던 음식의 흐름은 점차 다중문화와의 조화로 가는 추세이지만 Rules는 여전히 영국 전통 요리를 고집하고 있으며 귀족적 색채가 짙은 식당으로 유명 인사들이 자주 찾는다. 주말이면 경제적이고 실속 있는 점심을 즐길 수 있다.

벨고
Belgo

- P.30B2
- 50 Earlham Street, Covent Garden, WC2H 9HP
- P선 Covent Garden역
- 44-20-7813-2233
- 월요일~토요일 12:00~23:30, 일요일 12:00~22:30

담백한 요리, 감자튀김, 맥주는 벨기에 음식의 상징이다. 6년 동안 여러 난관에 부딪쳤으나 포기하지 않고 어려운 시기를 버텨낸 벨기에 인 André Plisner와 그의 캐나다 친구 Dennis Blais는 1992년 벨기에 음식을 런던으로 가지고 왔다.

벨고(Belgo)의 특징은 식당이 지하에 있다는 것이다. 내부는 강철관과 시멘트벽돌을 주로 사용하여 동굴 스타일로 꾸며져 있고 웨이터는 독특한 중세 수도사복장을 하여 신비롭고 기이한 분위기를 더해준다.

이곳의 음식 맛은 다양하다. 기본적으로 Mussel Platters와 Mussel Pots 두 가지로 나뉘는데 Platters는 양은 적지만 맛이 깊고, Pots엔 1kg의 음식이 들어가 담백한 요리를 좋아하는 사람들은 거의 중독이 될 정도이다. 감자튀김 또한 서비스로 제공된다.

감자튀김하면 보통 미국이나 프랑스를 떠올리는데 사실 벨기에 사람들의 감자튀김에 대한 자부심은 대단하다. 그들은 감자튀김을 자신들이 가장 먼저 발명했으며 자신들의 것이 가장 맛있다고 생각한다. 또한 감자튀김을 먹을 때 케첩에 찍어 먹지 않는 것이 더 맛있다고 생각한다. 맥주 또한 Belgo의 자랑이다. 이곳에서는 벨기에에서 들여온 여러 가지 독특한 맛의 맥주를 맛볼 수 있는데 복분자맛의 Framboos, 망고 맛의 Ninkeberry 등이 있다.

벨고 분점
Belgo Noord

- 72, Chalk Farm Roadm NW1 BAN
- BN선 Chalk Farm역
- 월요일~금요일 12:00~15:00, 18:00~23:30
  토요일·일요일 12:00~23:30
- 44-20-7267-0718

Belgo Zurd

- 124 Ladbroke Grove
- BH선 Ladbroke Grove역
- 44-20-8982-8400

더 박스
The Box

P.30B2

P선 Covent Garden역

44-20-7240-5828

월요일~토요일 11:00~17:30,
일요일 12:00~18:30

더 박스(The Box)는 남색과 녹색으로 장식되어 활기찬 느낌이며 Pub 분위기도 난다. 카페로 유명하지만 식사도 할 수 있다. 발아 빵 외에 여러 재료를 섞어 만든 샌드위치와 태국식 버터밀크 샐러드가 제공되고 있다.

이밖에도 여러 가지 채소를 위주로 한 메뉴가 있다. 양도 아주 많기 때문에 양이 적은 동양인은 둘이 메뉴 하나만 먹어도 배부르다. 야외 테라스가 있어 식사 분위기가 편안하고 유쾌하다.

비라스와미
Veeraswamy

B·P선 Piccadilly Circus역

99 Regent street, Mezzanine Floor, SW1(입구에 Swattow St.가 있다).

44-20-7734-1401

월요일~금요일
12:00~14:30, 17:30~23:30
토요일
12:30~15:00, 17:30~23:30
일요일
12:30~15:00, 18:00~22:00

비라스와미(Veeraswamy)는 1926년 문을 연 런던에서 가장 오래된 인도식당이다. 1998년 『Time Out』에서 가장 맛있는 인도식당상을 받기도 했다. 인도 음식에는 카레 뿐만 아니라 소스를 얹은 요리도 있다. 버터밀크와 향료에 절인 Fandoori는 소스가 없는 전형적인 북방요리이고 소를 싼 Dosa는 대표적인 남방요리의 하나이다. Veeraswamy는 인도 각 지역의 가정요리의 비법을 모아 식당메뉴로 사용하고 있다. 주방장이 추천하는 애피타이저는 Lala Puri이고 메인 요리는 Malabar Prawn Curry with Fresh furmetic and raw mango와 Prawn Bosa이다. 평일에는 경제적인 점심메뉴가 있다.

차이나타운
China Town

- P.30A3+B3
- Leicester Square역에서 도보 5분
- 상점 10:00~19:00
  식당 11:00~3:00
- 그리 비싸지 않아 1인당 약 £5~10이면 충분하다.

19세기 런던의 차이나타운은 원래 라임하우스(Limehouse) 토크 일대에 있었는데 1950년 홍콩 이민자들이 많이 밀려들면서 소호 지구의 제라드 스트리트(Gerrard Street)와 라일 스트리트(Lisle Street)로 근거지를 옮겨왔다. 현재 차이나타운은 이민자들의 천국이기 보다는 런던의 싸고 양 많은 음식의 천국이라고 할 수 있다. 이곳 식당의 대부분은 광동 요리를 위주로 하며, '용헌(龍軒)'을 제외하고는 딤섬은 오후 5시까지만 제공된다. 이밖에 '금용헌(金龍軒)'은 구운 오리요리, '녹명촌(鹿鳴村)'은 광동식 차, '진빙(珍聘)'은 홍콩식 순대와 강장식품으로 유명하다.

차이나타운 안에도 일식당과 베트남식당이 있는데 그중에서 'Misato'가 가장 인기가 좋다. 이곳은 일본식 카레돈가스와 닭다리요리가 유명하며 가격은 £5부터로 양도 많고 맛도 좋다. 아시아 사람들뿐만 아니라 많은 영국인들도 가게 앞에서 줄을 서서 기다린다.

식당정보

- 용 헌 : 12 Gerrard St.
- 금용헌 : 12 Gerrard St.
- 녹명촌 : 12 Gerrard St.
- 진 빙 : 12 Gerrard St.
- 베트남 : 12 Gerrard St.
- Misato : 12 Gerrard St.

원 올드위치
One Aldwych

- P.31D3
- 1 Aldwych London WC2B ABZ
- 44-20-7300-1000
- Axis 점심
  월요일~금요일 12:00~14:45
  저녁
  월요일~금요일 17:45~22:45
  토요일 17:45~23:30
- 숙박 £305~965
  Axis 점심세트 : £16.75~19.75
  저녁 : £4.5~12.95
- www.onealdwych.co.uk

One Aldwych의 객실은 모든 것이 매우 심플하다. 백색의 더블침대와 검정색의 책상, 일류호텔이 구비하는 이집트산 면 침대시트 그리고 고급 태국산 실크로 제작한 남회색 커튼 등이 있다. 간결한 디자인에는 One Aldwych의 고객에 대한 배려가 숨겨져 있다. 책상과 침대 옆에 협탁은 노트북을 설치하기 위한 공간이고 침대 위에는 옆 사람을 방해하지 않도록 작은 등이 설치되어 있다. 저녁이 되면 격일로 문에 일기예보 카드를 걸어놓고 객실의 꽃과 과일은 매일 교체된다.

길가에 있는 Axis는 중앙 홀의 Indigo와 함께 손님들로 북적인다. Indigo의 간단한 음식에 비해 Axis는 유럽식 정식 코스 요리를 제공한다. 영국식 요리는 시내에서 1,2위를 다툴 정도로 유명하며, 매 식사 때마다 자리가 꽉 찬다.

피카딜리 백패커스
Piccadilly Backpackers

- P.30A4
- 12 Sherwood Street Piccadilly, London W1F 7BR
- 44-20-7434-9009
- 도미토리 £12~19,
  싱글 £39~58
- www.piccadillyhotel.net

뮤지엄 인
MUSEUM INN

- P.8C2
- 27 Montague Street, Bollmsbury, London WC1B 5BH
- 44-20-7580-5360
- 도미토리 £15~19,
  2인실 £50

마이호텔 블룸스버리
Myhotel Bloomsbury

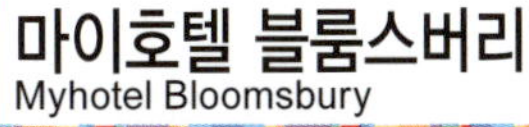

🛬 P.105C2
🏠 11-13 Bayley Street Beford Square London WC1B 3HD
📞 44-20-3004-6000
💲 객실 : £175~360
　Myplace 임대아파트 : £450
　My Bar : 점심 뷔페 1인당 £6.95
　저녁 : 애피타이저 £5.5~11,
　메인요리 £7.5~15.5, 후식
　£3~17, 칵테일 £7.5
🌐 www.myhotels.com

　Bloomsbury의 공간개념은 집에서부터 출발한다. 호텔에 투숙하는 여행객들은 집에 돌아온 것 같은 편안한 분위기를 누릴 수 있다. 안락함을 중시하는 Bloomsbury는 도시라는 사막 속에 여행객을 위한 오아시스가 될 수 있도록 노력하고 있으며, 동양의 풍수지리설을 토대로 모든 공간에 '기'가 잘 흐를 수 있도록 인테리어했다고 한다.

　'동양과 서양의 만남'은 Myhotel Bloomsbury의 공간설계뿐만 아니라 요리에서도 엿볼 수 있다. 호텔의 식당도 동서양으로 하나씩 마련되어 있다. My Bar에서는 전천후의 서양식 요리를 제공하고, Yo-Sushi는 현재 런던에서 최고의 인기를 끌고 있는 회전 초밥 식당이다. 영국의 패션잡지 『Wallpaper』는 Myhotel Bloomsbury를 '평온한 오아시스'로 묘사했다. 참신하고 친화적인 분위기로 고급 호텔계에서 주목받고 있다.

런던 옥스포드 스트리트 유스호스텔
YHA London Oxford Street

🛬 P.30A1
🏠 14, Noel Street, London W1F 8GJ
📞 44-87-0770-5984
💲 1인당 £23.5
🌐 www.yha.org.uk

픽윅 홀
Pickwick Hall

🛬 P.31C1
🏠 7 Bedford Place, London, WC1B 5JE
📞 44-20-7323-4958
💲 2인실 £22~30, 아침식사 포함
🌐 www.pickwickhall.co.uk

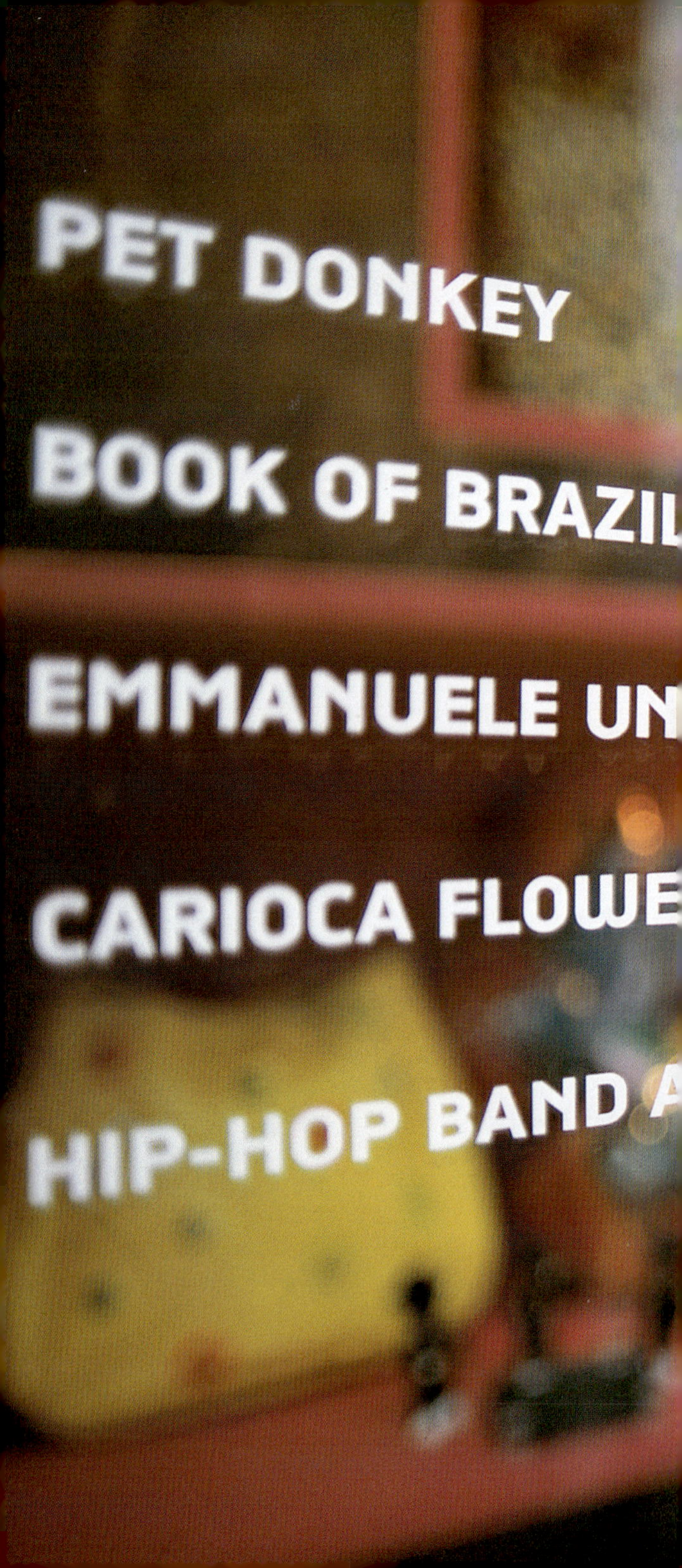

PET DONKEY
BOOK OF BRAZIL
EMMANUELE UN
CARIOCA FLOWE
HIP-HOP BAND A

메이페어

AN TREES

ARO BAG

BAG

D RECORD PLAYER

메이페어

Mayfair

메이페어(Mayfair)라는 이름의 유래는 17세기로 거슬러 올라간다. 당시 메이페어 축제가 이곳에서 열렸기 때문에 이러한 이름이 붙었다고 한다. 본드 스트리트(Bond St.)를 중심으로 소호 지구에 인접해 있으며, 우아한 조지아풍의 주택과 자신들의 고유한 모습을 가진 호텔

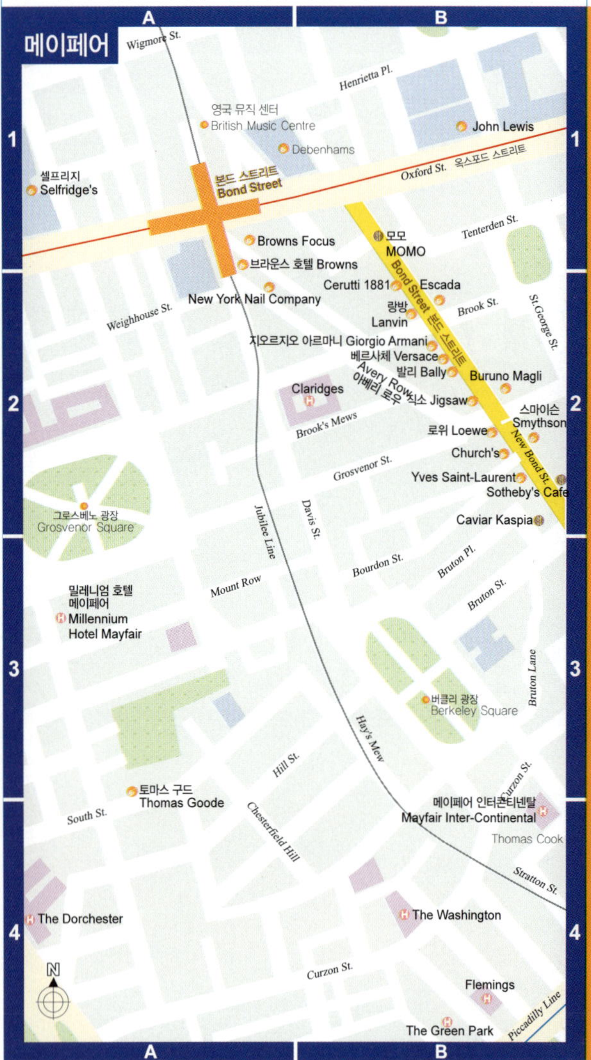

들이 눈을 즐겁게 해준다.

 본드 스트리트(Bond St.)에는 세계의 유명 명품점과 보석가게가 있는데 전통적인 영국식 건축이 사치스러운 명품 브랜드를 더욱 돋보이게 해준다. 2000년에는 Burberry가 이곳에 새로운 직영점을 오픈하여 패션계의 화제를 불러일으켰다.

 메이페어는 왕실에서 이용하는 물품을 공급하는 본거지 중의 한 곳이다. 문구, 편지지로 유명한 Smython, 정교한 주거용품을 파는 Asprey, 향수를 파는 Floris, 초콜릿을 파는 Charbonnel et Walker, 질 좋은 차와 잼으로 유명한 Fortnum & Mason이 모두 이곳에 있다. 쇼핑하기에도 좋아 런던에 오면 지나쳐서는 안 될 명소이다.

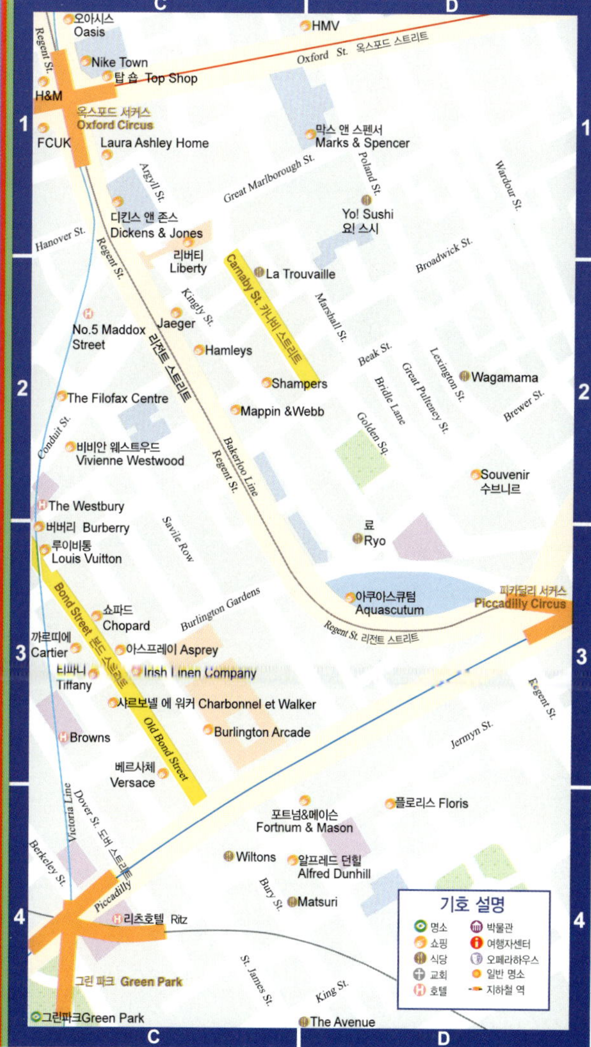

본드 스트리트
Bond Street

P.52B1+P.53C3

Bond Street역

　본드 스트리트(Bond St.)를 지나 갈 때는 최대한 멋을 부리자. 생각할 수 있는 모든 명품 브랜드와 보석 전문점이 이 거리에 모여 있다. 오랜 역사의 왕실 아케이드도 올드 본드 스트리트에 위치하고 있어 걷다보면 2세기 전으로 돌아간 것 같다. 아케이드 안에 있는 Charbonnel et Walker의 초콜릿 향은 옛날이든 지금이든 사람들의 발걸음을 끌어당긴다.

카나비 스트리트
Carnaby Street

P.55C2

Oxford Circus역에서 도보 3분

　차들이 쉴 새 없이 지나가는 리전트 스트리트를 돌아서 차 없는 거리인 카나비 스트리트(Carnaby Street)에 들어서면 마치 다른 세상에 온 것 같다. 이곳은 야외쇼핑몰처럼 상점 하나하나가 거리를 채우고 있다. Diesel, Accessorize, Gash, Miss Sixty 등 개성 있는 브랜드들이 이곳에서 경쟁하고 있으며 많은 젊은이들이 이곳에서 쇼핑을 즐긴다. 일본 브랜드인 Muji도 이곳에서 볼 수 있는데, 심플하면서 실용적인 디자인과 합리적인 가격으로 인기를 끌고 있다고 한다.

셀프리지
Selfridge's

P.52A1

지하철 Bond Street역에서 도보 2분

400 Oxford Street, London W1A 1AB

44-11-3369-8040

월요일~토요일 9:30~20:00
목요일 9:30~21:00
일요일 11:30~18:25

www.selfridges.co.uk

'나는 쇼핑한다. 고로 나는 존재한다.' 이것은 셀프리지(Selfridge's)가 여름 세일기간에 내건 슬로건으로, 수많은 쇼핑중독자들은 여기에서 쇼핑 이유를 찾고 있다.

Selfridge's의 창립자는 '내가 희망하는 Selfridge's는 친구들이 모여 수다를 즐길 수 있는 시민센터로, 소비는 그 다음이다.' 라고 말한 바 있다. Selfridge's 백화점은 그래서 극장처럼 보이고 제품과 서비스는 마치 내가 스타라는 착각이 들게 할 정도로 수준급이다. 이런 멋진 연출은 손님들이 기꺼이 지갑을 열도록 만들었다. 지금도 Selfridge's는 여전히 참신한 모습으로 많은 예술 활동을 선보이며 100년 전 설립 당시의 초심을 잃지 않고 있다.

알프레드 던힐
Alfred Dunhill

P53D4

48 Jermyn St. London SW1Y 6DL(지하에 던힐 박물관이 있다.)

44-84-5458-0779

www.dunhill.com

1902년, Alfred는 런던의 컨디트 스트리트(Conduit St.)에 자동차와 남성 명품을 파는 매장을 열었다. 그는 원래 재배 싹신이 많는 사람으로 자동차, 오토바이 디자인 외에 남성복과 가죽제품 등 상류층 신사들이 좋아하는 정교한 물건을 개 발하였다. 100년이 지난 지금의 Dunhill은 이미 26개 국가에 180개의 매장을 가진 최고급 브랜드가 되었으며 남성복, 가죽제품, 손목시계에서 만년필, 라이터까지 남성들의 생활에 필요한 소품을 제공하는 대표적인 브랜드가 되었다.

리전트 스트리트
Regent Street

 P.53C1+C2+D3

 Oxford Circus역

　젊은 쇼핑족들이라면 누구나 다 아는 유행의 집결지로, 현란한 거리에 셀 수 없이 많은 상점과 백화점이 들어서 있다. TOP SHOP, Esprit, H&M, Benetton, OASIS, NIKE 등 유명 브랜드 의류매장 뿐만 아니라 도자기 마니아라면 지나칠 수 없는 Wegewood도 있다. 이 브랜드들은 국적에 상관없이 리전트 스트리트에 모여 경쟁하고 있다. 리전트 스트리트(Regent Street)는 차와 사람들이 쉴 새 없이 지나다녀 매우 복잡하다. 걷다가 지치면 골목 안에 있는 프랑스식 노천 카페에서 에스프레소를 마시거나 Pub에서 맥주를 마시며 인생에 대해 얘기하는 것도 또 다른 재미일 것이다.

탑 숍
Top Shop

 P.53C1

 214 Oxford St.

 www.topshop.co.uk

　탑 숍(Top Shop)은 항상 런던의 여성들로 북적인다. 런던의 최신 유행을 알고 싶다면 꼭 한번 들러보자.

오아시스
Oasis

 P.53C1

 292 Regent St.

 www.oasis-stores.com

　탑 숍(Top Shop)이나 H&M이 나이 어린 소녀풍인데 비해 오아시스(Oasis)는 성숙한 여인의 스타일로 우아하고 여성미가 풍긴다.

아스프레이

Asprey

- P.53C3
- Green Park역에서 도보 6분
- 167 New Bond Street, London, W1S 4AR
- 44 20 7493-0707
- 월요일~금요일 9:30~18:00, 토요일 10:00~17:00
- Purple Water £130(300ml)
- www.asprey.com
- 왕실 인증점

아스프레이(Asprey)는 1847년에 향수 사업으로 시작한 후에, 맞춤복 서비스, 금속공예품 제작으로 영역을 확장하여 보석, 패션모자, 의류, 서적, 문구 등 여러 가지 제품들을 고루 갖추고 있다. 지금은 런던 서부 지역의 대표적인 유행코드이자, 품위의 대명사라 불린다.

Asprey 직영점은 현대적인 스타일과 고전적인 스타일이 조화를 이룬 건축으로 지나다니는 사람들을 유혹한다. 공간을 높이 설계하여 햇볕이 잘 들기 때문에 이곳에 진열된 제품은 실용서인 예술품처럼 보인다.

'상상력으로 고객을 이끈다'는 구호 아래 Asprey는 여러 제품을 가능성과 새로움으로 포장하였다. 또 고객의 요구를 만족시킬 뿐만 아니라 고객의 요구를 만들어내기도 한다. 신제품 Purple Water는 중성향수로 Asprey 애호가들을 유혹했다. 짙은 과일향의 향수는 심플하면서 실용적인 디자인의 향수병에 담겨 시공을 초월한 사랑을 받고 있다.

플로리스
Floris

P.53D4

Piccadilly Circus역에서 도보 5분

89 Jermyn Street, London SW1Y 6JH

44-20-7747-3602

월요일~토요일 9:30~18:00

Cefiro향수(Eau de Parfum) £47.5(100ml)
Cefiro나 라벤다향수(Eau de Toilette) £34(100ml)

www.florislondon.com

왕실 인증점

플로리스(Floris)에 들어서면 향수 냄새뿐만 아니라 성숙하면서도 중후한 향기를 맡을 수 있다. Floris의 창립자 Juan Famenias Floris는 스페인 태생으로, 1730년 런던에서 머리손질 도구 제작과 이용업부터 시작하여 향수 제

조업에까지 진출했다. Floris는 18세기 유행산업에 중요한 역할을 하며 지금까지 이어져 왔다.

쇼윈도에는 Floris의 과거와 현재의 모습이 담겨있는데 초기 이발사의 이발도구, 여자의 화장품, 구식 크리스털 향수병부터 신식 튜브 모양의 세면도구까지 진열되어 있다. 많은 고객들은 Floris의 NO. 89나 Special 127을 좋아하며 라임이

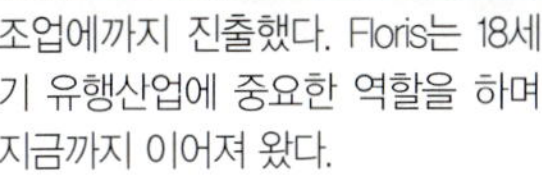

나 유사를 가미한 새로운 향은 젊은 층에 인기가 있다.

이제 향수는 여성들의 전유물이 아니다. 남성들에게도 인기가 좋은 Elite, 외출시 사용하는 중성향의 Cefiro 등 시간과 장소에 따른 여러 가지 향수를 고를 수 있다. 현재 Floris는 영국인에게 가장 사랑받는 브랜드 중의 하나이며 젊은 층을 겨냥한 경영으로 미국 뉴욕의 경쟁적인 유행시장에 뛰어들었다.

왕실 인증

www.royalwarrant.org

왕실 인증의 역사는 매우 오래되었다. 12세기에는 당시 왕족에게 서비스와 제품을 공급하는 사람이나 상점을 관례상 장려하기 위한 것이었고, 정식 명예휘장은 15세기부터 발급되기 시작했다. 명예휘장을 받은 상점의 종류는 다양하여 검을 만드는 장인, 뱃지나 카드를 만드는 장인 등이 있었고, 족제비를 잡는 사냥꾼도 명예휘장을 얻었다.

이러한 영예를 얻으려면 최소한 5년 동안 여왕, 에든버러 공, 웨일즈 왕자에게 수준 높은 제품과 서비스를 제공해야 했다. 덕망 높은 왕족들은 Lord Chamberlain의 건의를 받아들여 상점에 왕실 인증을 부여하였는데, 왕족들은 마음에 드는 상점에 한 개의 왕실 인증을 발급할 수 있었고 모든 상점들은 하나 이상의 왕실 인증을 받을 수 있었다. 이 책에 소개된 왕실 인증점으로는 Floris, Asprey, Smythson, Thomas Goode, Charbonnel et Walker, Fortnum & Masono 등이 있다.

스마이슨
Smythson

Bond Street역에서 도보 10분.

40 New Bond Street, London

44-20-7629-8558

월요일~금요일 9:30~18:00
목요일·토요일 10:00~18:00

Journal £149, 칼라 부조 카드 £29부터

www.smythson.com

왕실 인증점

스마이슨(Smythson)은 100여 년 동안 우수한 문구류를 제공하며 현대과학의 흐름 속에 우뚝 서 있다. 1887년부터 시작한 Smythson은 고객별로 문구용품과 카드를 제공하여 지금에 이르고 있으며 본드 스트리트의 오래된 상점 지하에서 1930년 제작된 인쇄기로 여전히 고객을 위해 열심히 일하고 있다.

Nile Blue는 창립자 Frank Smython이 이집트 여행중에 제작 힌트를 얻은 것이다. 'Die-Stamping' 기술은 이곳의 고유한 특징으로, 종이 위에 찍힌 글

자체나 화려한 무늬는 모두 장인이 동판에 새긴 것이다. 워터마크도 Smython의 특색 중의 하나로, Smython의 물건을 표시하는 역할을 하는 것 외에 이곳이 지나온 모든 시대를 대표하며 20세기 초 신예술시대의 모습을 떠올리게끔 한다.

이미 고인이 된 모나코 왕비 그레이스 켈리, 마돈나, 더스틴 호프만 등이 이곳을 애용했다. Smython을 직접 사용해본다면 영국 왕실도 인정한 Smython만의 매력을 알 수 있을 것이다.

토마스 구드
Thomas Goode

- P.52A3
- Bond Street역에서 도보 13분
- 19 South Audley Street, Mayfair, London, W1K 2BN
- 44-20-7499-2823
- 월요일~토요일 10:00~18:00
- 자기의 종류에 따라 다르며 가격의 차가 매우 크다. 가장 간단한 알파벳 도안 쟁반 £25부터
- www.thomasgoode.co.uk
- **왕실 인증점**

토마스 구드(Thomas Goode)의 위풍당당한 외관은 주머니가 텅 빈 여행객의 발걸음을 돌려 놓을지도 모른다. 하지만 먼 길을 와서 최고의 본차이나를 보러가지 않는다면 후회할 지도 모른다. 왜냐하면 이곳에서는 £25 정도면 자신이 만든 세상에서 유일한 쟁반을 가질 수 있기 때문이다.

고유 디자인 외에 Thomas Goode는 유명 디자이너 Paul Smith와 합작하여 그의 채색 라인을 자신의 백색 자기에 은은하게 입혔다. 자토에 50%의 동물 뼛가루를 섞고 여기에 장인의 뛰어난 기술이 더해져 가마에서 구워지면 완벽한 본차이나가 된다. 본차이나의 순백의 섬세함을 식탁 위에 올려놓고 감상해보자. 그 외에 냅킨, 침대시트, 이불솜 등 직물제품도 이곳에서 주문 제작으로 만들어진다. 심플한 라인과 도안을 비로드와 아마에 세심하게 수를 놓아 Thomas Goode의 우아함을 일관되게 표현하고 있다.

리버티
Liberty

 P.53C1

 Oxford Cirdus역에서 도보 3
분

 Regent Street, London W1B
5AH

 44-20-7734-1234

 월요일~토요일 10:00~21:00
일요일 10:00~18:00

 www.liberty.co.uk

 왕실 인증점

방울 모양의 옛 건축물 리버티
(Liberty)에 들어서면 마치 100여
년 전으로 돌아간 것 같다. 나무 바
닥을 밟고 오래된 계단을 올라가
면 발걸음소리가 조용히 울리며 오
래된 향기가 은은하게 베어나온
다. Liberty는 19세기 설립당시부
터 동양에서 들여온 직물, 가재도
구, 장식품 등으로 유명해 '동방 시
장(Easter Bazaar)'이라고 불렸다.
19세기 말 제작된 공예품이나 20
세기 초에 만들어진 화려한 도안
과 심플한 라인이 결합된 직물 도
안 등은 모두 Liberty에서 유행을
선도했던 것이다. 오늘날의 Liberty
는 여전히 유행을 선도하는 디자이
너와 함께 세계 각지의 유행을 이
끌고 있다. 세련된 색과 디자인의
의류, 장식품, 생활용품, 직물, 식품,
초콜릿까지, Liberty의 상품은 단연
최고이다.

식당

샤르보넬 에 워커
Charbonnel et Walker

- P.53C3
- Green Park역에서 도보 6분
- 28 Old Bond Street, London W1X 4BT
- 44-20-7491-0939
- 월요일~토요일 9:30~18:00
- 샹파뉴 트뤼프초콜릿 £10 (130g), 비단향꽃무와 장미크림 초콜릿 £10.5(125g)
- www.charbonnel.co.uk
- 왕실 인증점

샤르보넬 에 워커(Charbonnel et walker)는 100여 년 전부터 왕실 아케이드 입구에 자리하였다. 쇼윈도에 놓인 정교한 포장의 탐스러운 초콜릿은 오가는 사람들의 눈길을 사로잡는다.

Charbonnel et Walker는 이름에서부터 프랑스의 맛을 읽을 수 있다. Charbonnel여사는 원래 파리에서 '메종 부아쎄(Maison Boisser)'라는 초콜릿 가게를 경영했었는데 에드워드 7세의 장려로 런던에 와서 Walker와 합작하여 120 여 년 전에 Charbonnel et Walker를 세웠다.

이곳의 초콜릿은 색과 향이 좋을 뿐만 아니라 포장 상자도 매우 아름답다. 유행에 따라 출시되는 화려한 포장 외에도 수수한 포장도 많이 있다.

전통 있는 가게이지만 새로운 창의력도 뒤처지지 않는다. 트뤼프와 샹파뉴의 맛을 넣은 초콜릿에 딸기 크림을 입혀 눈으로도 단 맛을 느낄 수 있다. 샹파뉴 트뤼프초콜릿 외에 바이올렛, 로즈크림 초콜릿도 대표적인데, 바이올렛과 로즈향을 더해 진하면서도 부드러운 초콜릿 향이 입안에 서서히 퍼진다.

Charbonnel et Walker에서는 자유롭게 시식도 가능하니 한 번 들러보자.

포트넘&메이슨
Fortnum & Mason

P.53D4

Piccadilly Circus나 Green Park역에서 도보 6분

181 Piccadilly, London

44-20-7734-8040

월요일~토요일 10:00~18:30, 일요일 12:00~18:00(단, 1층 식품관과 Patio 식당만 영업)

Earl Grey Classic과 Royal Blend £5.75(250g), Wild Strawberry £4.5 125g)

www.fortnumandmason.com

세월은 포트넘&메이슨(Fortnum & Mason)이라는 쇼핑공간에 많은 흔적을 남겨놓았다. 고전적인 정원벽화, 예전 그대로인 품질, 원래의 맛을 고수하는 차, 각종 식재료 그리고 연미복과 슈트를 입은 친절한 종업원 등은 마치 200년 전 런던의 모습과도 같다.

백의의 천사 나이팅게일, 대문호 디킨스 등이 Fortnum & Mason의 단골 고객이었다고 한다. 19세기에는 Fortnum & Mason의 도시락 바구니를 들고 공원에 소풍 가는 것이 유행이었다. 지금도 Fortnum & Mason의 인기는 여전하다. 일본에 진출하여 도쿄의 백화점에도 매장을 열면서 아시아 시장을 겨냥하고 있다.

엄격한 품질 관리 기준과 F&M의 전통을 기반으로 새로운 발전을 시도한 'Royal Blend', 'Earl Grey Classic', 'Patio Blend', 'St. Jamess's Blend'와 젊은 층에 인기가 좋은 'Wild Strawberry', 건강과 연결시킨 차 등 종류가 다양하여 차를 사랑하는 런던 사람들에게 인기가 좋다.

Fortum & Mason에서 피아노 연주를 감상하며 스콘, 비스킷과 함께 애프터눈 티를 경험해보자.

리츠 호텔
Ritz Hotel

- P.53C4
- 150Piccadilly, London, W1J 9BR
- 44-20-7493-8181
- 매일 13:00, 15:30, 17:30에 예약 가능
- 1인당 £32
- www.theritzlondon.com

리츠 호텔(Ritz Hotel)의 애프터눈 티는 런던에서 가장 풍성하기로 유명하다. 종류별로 갖춰진 차와 전통 방식으로 만든 달콤한 과자가 곁들여진다. 여기에 빅토리아풍의 화려한 장식도 인상적이다.

메뉴판에는 애프터눈 티로 선택할 수 있는 차의 종류가 가득하다. 순 홍차와 가미차로 나뉘는데 순 홍차는 맛이 깊고 차향이 강해서 잼과 케이크와 어울리며 애프터눈 티의 원래의 맛을 즐길 수 있다.

하지만 과일향과 꽃향기가 코끝을 맴도는 가미차인 얼그레이와 장미차, 쟈스민차 등도 점점 인기가 높아지고 있다.

영국식 애프터눈 티에서 가장 눈길을 끄는 것은 삼층 간식탑이다. 삼층탑의 제일 아래에는 짠 맛의 샌드위치를 놓고 중간에는 스콘을, 맨 위에는 달콤한 과자를 놓는다. 가장 맛있게 먹는 방법은 아래에서 위로 올라가면서 짜고 담백한 것을 먼저 먹고 달고 진한 맛을 나중에 먹는 것이다.

막스 앤 스펜서
Marks & Spencer

P.53D1

458 Oxford Street, London W1C 1AP

44-19-2567-2317

월요일~금요일 9:00~21:00, 토요일 8:30~20:00

일요일 12:00~18:00

샌드위치 £1.5부터, 샐러드 약 £2부터

www.marksandspencer.com

막스 앤 스펜서(Marks & Spencer)는 식품, 의류, 생활용품 등 다양한 제품을 파는 종합 백화점이다. 런던

브라운스 호텔
Brown's Hotel

P.52A1

Albemarle Street, Mayfair, London W1S 4BP

44-20-7493-6020

월요일~금요일 오후 14:00·15:45·17:30 3번 토요일~일요일 14:00·15:30 두 번 에프터눈 티를 예약할 수 있다.

Earl Grey Classic과 Royal Blend £5.75(250g), Wild Strawberry £4.5(125g)

www.brownshotel.com

브라운스 호텔(Brown's Hotel)은 빅토리아 시대 풍의 건축물로 전통적인 영국식 애프터눈 티와 구운 빵이 유명하다.

이곳에 오면 품위있게 차를 즐기는 영국의 신사들을 많이 볼 수 있다.

의 거의 모든 쇼핑구역에서 Marks & Spencer의 녹색 간판을 볼 수 있다.

Sainsbury, Tesco나 ASDA 등 일반 슈퍼마켓과 비교하면 가격은 비싸지만 품질이 좋아 밝고 넓은 진열대에 있는 갖가지의 식품을 보면 사지 않을 수 없게 된다.

그중에서도 유명한 것이 다양한 종류의 샌드위치와 이탈리아식 밀가루음식, 샐러드, 인스턴트음식 등 잘 만들어진 먹거리인데 선택의 폭이 다양하고 맛이 신선해 배고픈 여행자, 행인, 샐러리맨들에게 인기가 많다.

모모
MOMO

P.52D1

B·P선 Piccadilly Circus역

25 Heddon Street, W1

44-20-7434-4040

월요일~금요일 12:30~15:00, 19:00~23:00.
　토요일 19:00~23:00

모모(MOMO)는 아라비안나이트에 나올 것 같은 화려한 궁전, 이슬람 세계의 신비로움 같은 낭만적이고 이국적 분위기로 런던에서 인기가 좋다. 마돈나가 이곳에서 친구들과 파티를 가졌었다는 얘기도 있다.

이곳의 음식은 북부아프리카 음식 특유의 시각적인 아름다움과 특별한 맛을 조화시켜 짜면서 달다. 모로코 전통의 비둘기요리가 대표적이며 쿠스쿠스(Couscous)도 유명하다.

MOMO에서 생겨난 북부아프리카 열풍으로 알제리 출신의 사장 Mourad Mouzouz는 MOMO 옆에 MOMO Antigues and Tea Room을 열었다. 이곳에서는 중동과 북부아프리카의 다과, 커피를 제공하며 소량의 골동품과 의류도 판매한다.

Harrods

나이츠브릿지
Knightsbridge & Kensington
켄싱턴
Harrods

나이츠브릿지

Knightsbridge & Kensington

나 이츠브릿지는 런던에서 유명한 명품 구역이다. 영국의 양대 백화점인
해로즈(Harrods)와 하비 니콜스(Harvey Nicholas)가 이곳에 있다.
해로즈 앞에 있는 브롬턴 로드(Brompton Road)를 끼고 걸으면 사우스 켄

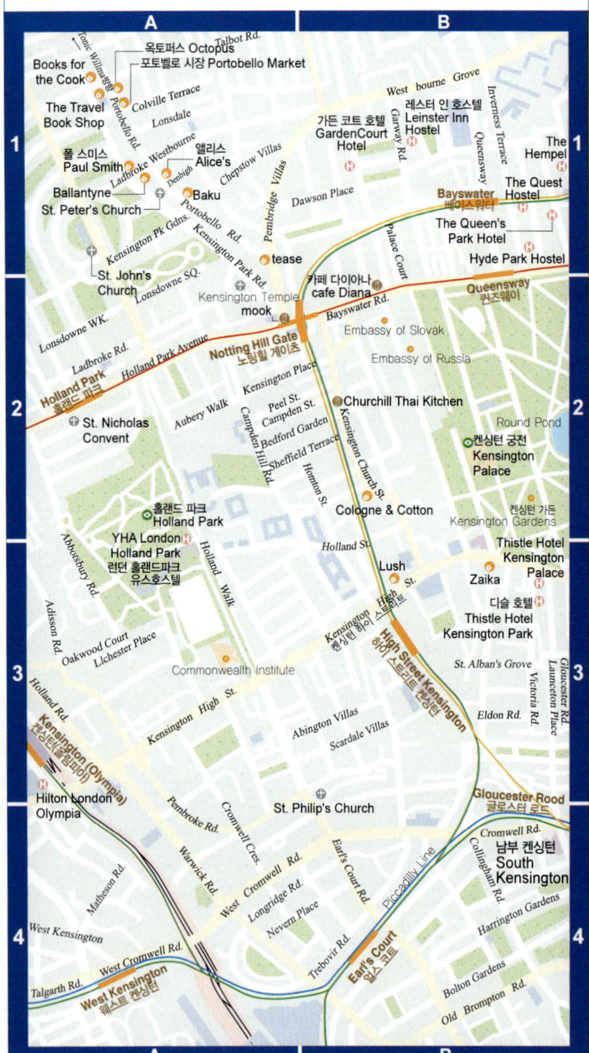

&켄싱턴

싱턴 지구가 나온다. 켄싱턴에는 19세기 빅토리아 시대의 많은 유적이 남
아있어 대영제국의 영광을 살펴 볼 수 있다.

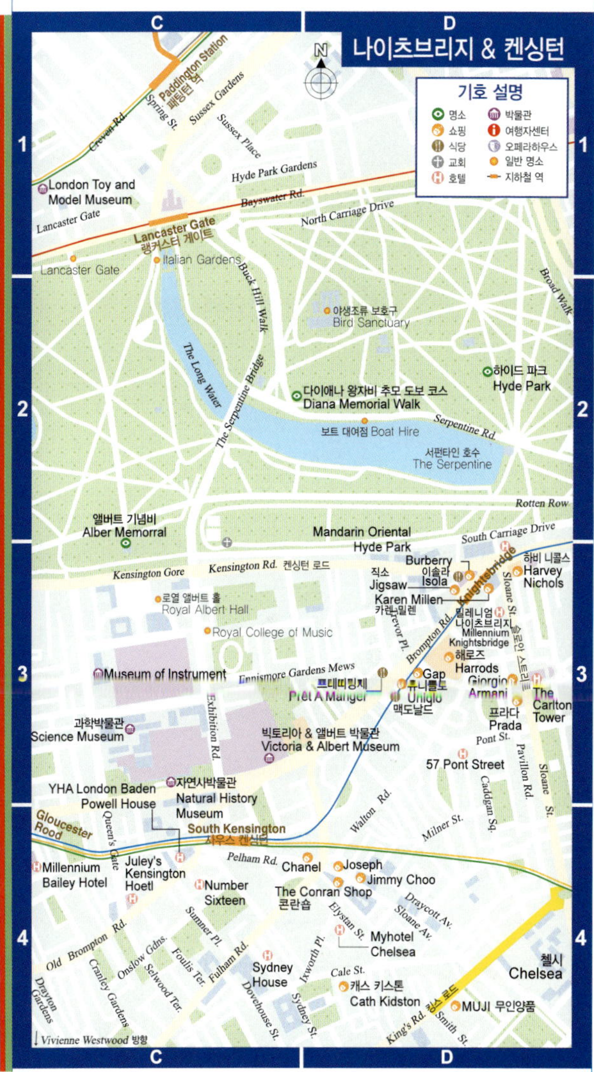

명소

자연사 박물관
National History Museum

 P.71C3
 South Kensington역에서 도보 3분
 Cromwell Road, London SW7 5BD
 44-20-7942-5000
 월요일~일요일 10:00~17:50,
 12월 24일~26일
 무료, 일부 전시회는 유료
 www.nhm.ac.uk

런던에서 지성과 흥미가 가득한 박물관으로는 자연사 박물관(NHM)이 단연 으뜸이다. 이 박물관은 생명관과 지구관으로 나뉘며 각종 표본들이 완비되어 있고 최첨단 상호교류식의 관람설비가 갖추어져 있다. 생명관에서 가장 인기가 좋은 곳은 공룡 전시실로, 이곳에서는 21

켄싱턴 궁전
Kensington Palace

 P.70B2
 High Street Kensington역에서 도보 10분
 Kensington Gdns., London W8 4PX
 44-84-4482-7777
 3월~10월 10:00~18:00
 11월~2월 10:00~17:00
 12월 24일~26일
 성인 £12, 학생 £10
16세 이하 어린이 무료, 가족표(최대 성인 2명, 어린이 3명) £33
 www.hrp.org.uk

켄싱턴 궁전(Kensington Palace)은 켄싱턴 가든 서쪽에 있으며 다이애나비가 죽기 전 거주하던 곳이다. 현재 켄싱턴 궁전의 State Apartments 부분이 개방되어 빅토리아 여왕이 세례를 받은 방과

세기에 발견된 1억 2,500만 년 전의 공룡도 볼 수 있다. 지구관엔 화려한 대형 지구의가 관람객들의 시선을 사로잡는다. 지구 엘리베이터 앞에 있는 대형 동상은 관람객들을 우주여행으로 이끄는 듯 하다. 2002년 9월 문을 연 다윈센터는 정지 상태의 전시물을 움직이는 도구와 매체로 설명하는 곳이다. 20만 종의 파충류와 양서류, 200만 종의 어류, 연체동물, 갑각류의 표본이 전시되어 있다. 다윈센터의 취지는 과학자와 일반인의 거리를 좁히는 것으로, 관람객들이 과학자들의 연구를 살펴보고 질문하면 과학자는 현장에서 관람객의 궁금증에 대답해준다. 1층의 홀에서는 과학자들이 비정기적으로 비공식적인 강연이나 연구보고를 하는데, 자연에 대해 관심 있는 사람이라면 전문 자료를 얻을 수 있는 좋은 기회이다.

1760년부터 지금까지의 왕실 궁정의 복식 전시를 구경할 수 있다. 켄싱턴 궁전은 원래 Nottingham의 저택이었는데 윌리엄 3세와 메리왕비가 1689년에 사들여 왕궁으로 사용했다. 이후 조지 3세가 버킹엄 궁전으로 옮기기 전까지 줄곧 영국 왕실의 주거지였다. 이곳에 소장된 궁정복식은 사람들의 식견을 넓혀주고, 왕의 화랑(King's Gallery)에는 17세기의 회화작품들이 전시되고 있다.

하이드 파크
Hyde Park

P.71D2

Hyde Park Corner, Marble Arch, Lancaster Gate, Knightsbridge

44-20-7298-2000

5:00~24:00

하이드 파크(Hyde Park)는 런던에서 가장 큰 공원으로 17세기 초에 대중에게 개방되었다. 1851년에는 이곳에서 세계박람회가 개최되었으며 현재는 왕실의 중요한 행사가 있을 때 존경심을 표현하는 41발의 총포를 이곳에서 쏜다.

하이드 파크와 켄싱턴 가든은 서펀타인 호수(The Serpentine)에 인접해있어 여름이면 뱃놀이와 수영을 하는 사람들로 북적인다. 공원 오른편에 있는 스피커스 코너(Speaker's Corner)에서는 매주 일요일이면 열띤 토론이 열려, 런던의 민주적인 패기를 생생하게 느낄 수 있다.

과학박물관
The Science Museum

P.71C3

Cl·D·P선 South Kensington역

Exhibition Road, South Kensington SW7 2DD

44-87-0870-4868

매일 10:00~18:00

12월 24일~26일

무료

www.sciencemuseum.org.uk

　과학박물관(The Science Museum)의 내부는 총 7층으로 이루어져 있으며 1만 여 점의 전시물이 전시되어 있다. 이 지역의 박물관 중 과학박물관은 외관에 장식이 없어 상대적으로 소박해보이지만 수세기에 걸친 과학 발전의 성과를 잘 보여주고 있다. 특히 영국은 산업혁명의 발생지로 초기의 증기엔진에서 최근의 우주산업 과학기술까지 각종 과학의 성과를 보여주고 있다.

　과학박물관 지상층의 눈에 띄는 곳에는 육지운송과 우주탐험에 관한 전시물을 전시하고 있다. 각종 엔진, 기관차, 차량, 우주과학의 발전과 연구, 로켓 설계와 운행방식, 미사일의 변화 등을 상세하게 살펴볼 수 있다.

　1층에는 기초과학의 원리설계를

빅토리아 & 앨버트 박물관
Victoria & Albert Museum

P.71C3

South Kensington역에서 도보 3분

Cromwell Road, London SW7 2RL

44-20-7942-2000

10:00~17:45
금요일 10:00~22:00

무료, 부분전시회는 유료

www.vam.ac.uk

겨냥한 로켓 발사대가 있고 다른 쪽의 기상관에는 여러 개의 전문 기상측량기기가 소장되어 있다. 식물 탐색구역에는 두 개의 다른 시대의 냉장고를 비교해놓았는데, 냉장고 안의 음식물을 이용하여 식품 과학과 인류의 식습관의 변화를 설명하고 있다.

과학박물관에서 사람들의 상상력을 가득 채워주는 공간은 3층에 있는 비행구역이다. 초기의 글라이더 복제품을 비롯해 현대의 각종 제트기가 있고 비행실험실에 있는 모의조종실에서 직접 조종해볼 수도 있다.

런던 사람들은 빅토리아 & 앨버트 박물관을 친근하게 V&A라고 부른다. 이 박물관에는 전 세계에서 가장 많은 장식품과 영국 조소가 소장되어 있다. 풍부하고 다양한 공예품은 전부 둘러보기가 힘들 정도이며 17세기부터 지금까지의 복식, 채색유리제품, 보물 등을 만나볼 수 있다.

1852년에 지어진 V&A는 총 4층으로 설계되어 있으며, 1층에는 이

슬람, 인도, 중국, 일본, 한국 등 여러 나라의 역사문물이 있으며 그 중에서 인도 문물은 전 세계를 통틀어 가장 많이 소장되어 있다.

의상전시실도 매우 흥미롭다. 말의 갑옷 상의에서부터 드레스, 현대의 패션의상까지 있으며 17세기 초의 두건에서부터 19세기의 대형 레이스 모자까지 다양하여 복식의 변화와 흐름을 이곳에 있는 실물을 통해 살펴볼 수 있다.

로열 앨버트 홀
Royal Albert Hall

P.71C3

CI·D·P선 Gloucester Road역, South Kensington역, P선 Knightsbridge역

Kensington Gore, SW7

44-20-7589-8212

빅토리아 여왕과 앨버트 부부는 부부애가 깊었으며 21년의 부부생활 동안 9명의 자녀를 두었다. 41세의 나이로 앨버트가 죽자 빅토리아 여왕은 매우 슬퍼하였다.

후에 빅토리아 여왕은 죽은 남편을 기념하기 위해 원래는 예술과학률로 설계되었던 것을 앨버트 홀로 이름을 바꾸었다.

1971년, 이렇게 로마의 원형극장과 같은 모습의 로얄 앨버트 홀이 탄생하였다. 앨버트 홀에서 개최되는 여러 가지 행사 중 가장 유명한 것이 여름에 개최되는 '프롬스 음악회(The Proms)'이다.

앨버트 홀 외에 하이드 파크 남쪽에는 1876년 만들어진 앨버트 기념탑이 있다.

쇼핑

나이츠브릿지 쇼핑
Knightsbridge Shopping

P.71D3

Knightsbridge역에서 도보 5분

월요일~토요일 10:30~19:00,
일요일 12:00~18:00

슬로안 스트리트(Sloane Street)와 브롬턴 로드(Brompton Road)의 교차로에 있는 나이츠브릿지(Knightsbridge)역은 런던에서 가장 사치스러운 쇼핑구역이라고 할 수 있다. 가장 먼저 3층 높이의 단독 건물인 Burberry 직영점이 시선을 사로잡는다. 빨간 벽돌의 영국식 건물이 Burberry의 격자무늬와 함께 당당히 서있다.

하비 니콜스(Harvey Nicols)백화점은 슬로안 스트리트의 시작점에 위치한다. 전 세계의 내노라하는 브랜드가 이곳에 모두 입점해 있다. Louis Vuitton · Gucci · Fendi · Chanel · Bottega Veneta · Giorgio Armani, 영국 브랜드 Joseph · Karen Millen · Gina 등이 있고, 사진을 이용해 가방을 주문제작하는 것으로 유명한 Anya Hindmarch가 이곳과 멀지않은 폰트 스트리트(Pont Street)에 있다.

브롬턴 로드를 돌면 유서 깊은 해로즈(Harrods)가 있지만 그 옆의 매장의 가격이 좀 더 친숙하다. Benetton · The Body Shop · Jigsaw · Gap · Uniqlo도 꾸준히 인기가 있다.

하비 니콜스
Harvey Nichols

P.71D3

Knightsbridge역

109–125 Knightsbridge

44–20–7235–5000

월요일~토요일 10:00~19:00,
일요일 12:00~18:00

www.harveynichols.com

런던에서 하비 니콜스(Harvey Nichols)에 입점하고 싶다면 패션계에서 어느 정도의 위치가 있어야 한다. 그래서 이곳에 입점

해로즈
Harrods

- P.71D3
- 지하철 Knightsbridge역에서 도보 3분
- Knightsbridge, London SW1X 7XL
- 44-20-7734-1234
- 월요일~토요일 10:00~19:00
- www.harrods.com

100여 년의 역사를 가진 해로즈(Harrods)는 런던여행 중에 지나쳐선 안 될 곳이다. 이곳에는 쇼핑 외에도 세계 각지의 유명 상품들이 진열되어 있어 바라보는 것만으로도 만족스럽다. 이집트인 사장 Mohamed Al Fayed는 Harrods를 인수한 후 백화점의 중앙에 이집트 스타일의 수동식계단을 만들었는데, 이것이 Harrods의 상징이 되었다.

1층 식품관에는 신선한 채소와 과일, 해산물이 고객을 유혹하고 있다. 내부에는 초콜릿과 차의 향기가 가득하고, 직원들은 복고풍의 복장을 하고 있어 신예술풍의 공간에서 쇼핑을 하다보면 지금이 어느 시대인지 깜빡 잊고 만다.

한 브랜드들은 모두 세계적으로 유명하다. 믿기지 않는다면 1층에 있는 Alexander McQueen, Jimmy Choo, Paul Smith, Stella McCartney나 2층의 Burberry, DKNY, Joseph, Plein Sud를 보면 그 사실을 알 수 있을 것이다. 이처럼 Harvey Nichols의 선택을 받고 싶다면 고급 브랜드의 품격이 있어야 한다.

이 백화점은 주로 여성복을 취급한다. 여성복 매장은 3층과 4층에 있는데 Armani Casa, Smythson 등 성상급 브랜드와 Cath Kidston과 같은 대중화된 스타일의 매장이 함께 모여 있다. 쇼핑하다 지치면 5층에서 식사를 하거나 슈퍼마켓에서 먹을 거리를 살 수 있다.

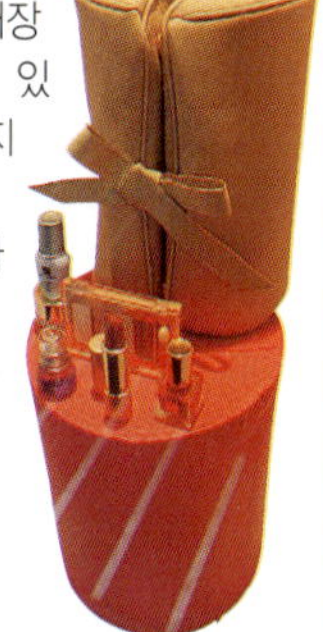

버버리
Burberry

P.71D3

157~167 Regent St. W1B 4PH

44-20-7806-1328

www.burberry.com

1856년 Thomas Burberry는 처음으로 자신의 의상실을 열었다.

1879년 그는 방수실을 개발하여 그것으로 천을 짜서 독자적인 방법으로 가공 처리하였다. 그는 찢어짐 방지와 방수처리가 되는 옷감인 '개버딘(Garbardine)'을 개발하여 Burberry 특유의 스프링코트를 제작했다. 이 Burberry의 스프링코트는 20세기 초 처음 출시되어 1차 세계대전기간에 고급 군복으로 지정되었다. 우비 안에 격자무늬를 이용한 것이 지금은 Burberry의 상징이 되었으며 검정색, 흰색, 빨간색, 엷은 다갈색의 네 가지 색으로 만든 격자무늬는 1920년에 정식으로 특허 등록이 되어 1955년 영국 여왕의 인증을 받았다.

카렌 밀렌
Karen Millen

P.71D3

33 Brompton Rd

44-20-7225-0174

www.karenmillen.co.uk

1981년 Karen Millen과 그녀의 친구 Kevin Stanford는 티셔츠를 만들어서 친구들에게 팔다가 1983년에는 켄트에 조그만 가게를 열었지만 여러 차례의 재정난을 겪은 후 마침내 1989년 런던에 매장을 열었다.

카렌 밀렌(Karen Millen)은 잉글랜드 시골의 작은 옷가게에서 출발해 지금은 150개의 다국적 분점을 가진 기업이 되었다. 그녀는 명성이 높은 여성복시리즈 외에 화장품과 건강식품도 개발하였다. 성숙하면서 우아한 고급 여성복은 전문직 여성들이 선호하며 그녀가 디자인한 이브닝

드레스와 하이힐은 영국의 파티 문화에서 독보적인 존재이다.

킹스 로드
King's Road

P.71D4

지하철 Sloane Square역

현대적인 느낌의 물건과 기발한 아이디어를 좋아한다면 킹스 로드 (King's Road)에 꼭 들러보자. 카페와 식당으로 가득한 큰 길에 독특한 디자인의 매장들이 즐비하다. 유행하는 의상, 우아하고 세련된 장식품에서부터 디자인이 정교한 문구, 집안 장식품까지, 모두 이곳에서 발견할 수 있다.

King's Road는 1960년부터 런던 유행의 중심이 되어 지금까지도 여

전히 런던 사람들의 쇼핑 성지 중의 하나이다. 첼시지역 쇼핑은 시내처럼 인파로 붐비지 않아 거리를 걸으며 오래된 건축물과 화려한 정원을 눈으로 즐길 수 있다.

직소
Jigsaw

P.71D3

126–127 New Bond Street

44–20–7491–4244

www.jigsaw-online.com

직소(Jigsaw)에는 클래식 슈트와 유행상품이 있으며 학생에서 샐러리맨까지 고객층이 다양하다.

의류 외에도 신발, 가방 등이 있으며 특히 가죽제품의 품질이 아주 좋다.

콘란숍
The Conran Shop

- P.71D4
- South Kensington역에서 왼쪽으로 돌아 정거장을 끼고 Fulham Rd. 앞까지 도보 약 5분
- Michelin House, 81 Fulham Road, London SW3 6R
- 44-20-7589-7401
- 월요일~금요일 10:00~18:00
  수요일~목요일 10:00~19:00
  토요일 10:00~18:30
  일요일 12:00~18:00

사우스 켄싱턴에 있는 콘란 숍 (Conran Shop)은 런던 시내에서 가장 큰 직영점으로, 가구를 비롯한 집안 장식품, 목욕용품 등을 판매한다. Terence Conran 이 직접 디자인한 소파도 있고 Phillippe Starck이 디자인한 의자도 있다. 서로 다른 디자이너의 작품들이 모여 있지만 심플하고 패셔너블한 Conran 스타일로 통합된다. Conran과 Habitat 브랜드는 유럽 디자인계에서 이미 명성이 자자하며 최근에는 아시아에

서도 점차 인기를 얻고 있어 도쿄와 후쿠오카에도 매장을 열었다. 현재 Conran기업은 호텔 1개, 런던과 파리에 있는 10여 개의 고급 식당, 런던 · 뉴욕 · 파리 · 도쿄에 오픈한 Conran 장식품 매장 등을 소유하고 있다.

Terence Conran은 원래 노팅힐에서 가구를 파는 평범한 상인이었다. 70년대에 들어서서 그는 사업영역을 확장하여 영국에 18개의 Habitat 일반 장식품 매장과 고급 가구 복합매장인 The Conran Shop을 이루었다. 1991년 Conran은 Habitat(현재 Ikea그룹소속사)를 그만두고 런던에 '르 뽕 드 라 뚜르(Le Pont de la Tour)'식당을 개업했다. Terence Conran의 자녀들도 패션계에서 유명하다. 큰아들 Sebastian Conran은 Conran & Partners 회사의 총감독으로 여객기의 실내인테리어를 하고 있으며, 둘째 Jasper Conran은 19세에 의류업계로 진출하여 영국 최고의 의상 디자이너가 되었다.

비비안 웨스트우드
Vivienne Westwood

P.71C4

9~15 Elcho Street, London SW11 4AC

44-20-7924-4747

www.viviennewestwood.co.uk

'펑크의 대모' 라는 별칭을 가진 Vivienne Westwood는 영국 패션계에서 35년 가까이 정상에 있었으며 63세의 디자이너는 지금도 여전히 패션계에서 대단한 화제를 낳고 있다.

1970년대에는 보수적인 풍조 때문에 로큰롤을 방송할 수 없었다. 하지만 그녀는 레코드 가게를 운영하면서 로큰롤 음반과 함께 지퍼로 장식한 가죽의상. 선정적인 도안의 티셔츠를 판매했다.

80년대에 그녀는 영국의 전통과 기예에 관심을 가지기 시작하였다. 1982년 Mary Quant에 이어 파리에서 열린 패션쇼에 참석한 두 번째 영국 디자이너가 되었으며 1990년과 1992년 '영국의 올해의 디자이너' 로 뽑히기도 했다.

Vivienne Westwood는 놀라운 창의력을 발휘해왔다. 이는 그녀가 펑크와 로큰롤을 사랑하고 전통적인 옷감과 17세기의 예술을 추구한다는 점에서도 드러난다. 그녀는 조금도 두려워하지 않고 패션디자인에 도전하여 패션계에서 높은 평가를 받았다. 2004년 런던의 빅토리아 & 앨버트 박물관에서 열린 그녀의 회고전과 강연은 열렬한 환영을 받았다.

그녀는 전통적인 스코틀랜드의 격자무늬와 영국식 모직물로 독특하고 강렬한 디자인을 창조하여 패션계를 깜짝 놀라게 할 작품을 만들어내고 있다.

이솔라
Isola

- P.71D3
- Knightsbridge역, Burberry 옆
- 145 Knightsbridge, London SW1X 7PA
- 44-20-7838-1044
- 월요일~토요일 12:00~15:00, 18:00~22:45
- 애피타이저 £6.5~12.5, 이탈리아 빵 £8.5~10.5, 메인요리 £17.5~24, 디저트 £8.5

유명한 요식업자인 Oliver Peyton과 주방장 Mark Broadben이 함께 만든 식당인 이솔라(Isola)는 1999년 문을 연 이래 지금까지 여전히 주목받고 있다. 입구에 있는 은색의 원형금속 초인종을 누르고 Isola에 들어가는 순간 강렬한 도시적인 스타일을 느끼게 될 것이다. 라운지 바는 보통 짙은 색 유리의 뒤에

프레 따 망제
Prêt A Manger

- P.71D3
- 40 Albermarle street
- 44-20-7932-5325
- www.pret.com

　프랑스어인 'Prêt à manger'는 영어로는 'ready to eat'이라는 뜻을 가지고 있다. 이곳은 영국에서 가장 빠른 패스트푸드점이다. 수십 가지의 샌드위치, 샐러드, 초밥도시락, 주스, 우유, 신선한 과일 등을 마음대로 선택하여 직접 계산하고 뜨거운 커피를 마실 수 있다. 빠르고 친절한 서비스로 많은 샐러리맨들이 이곳에서 점심시간을 보낸다.

　유명 주간지 『Times』는 Prêt를 샌드위치의 혁명이 시작된 곳이라고 평가한 바 있다. 이곳이 사람들에게 깊이 인식된 것은 그들이 표방하는 '해뜨기 전 배달' 원칙과 현장에서 만드는 신선한 샌드위치 때문이다. 이러한 'Prêt의 철학'은 마치 성경문구처럼 냅킨, 도시락, 커피잔 등에 인쇄되어 Prêt가 고객을 위해 얼마나 고심하는지를 보여준다. 런던의 큰 지하철역이나 상업 금융지역을 중심으로 영국에 100개가 넘는 매장이 있으므로 아침과 점심을 해결하는 것은 그리 어려운 일은 아니다. 비록 매장 안에 자리가 많진 않지만 커다란 샌드위치가 £2.3의 저렴한 가격이기 때문에 항상 고객들로 북적거린다.

있다는 관념을 깨고 Isola는 바를 1층에 설치했다. 창밖에서 쏟아지는 햇빛이 붉은색의 소파를 밝게 비추고, 지하의 식당은 미백색의 소파와 은색 기둥을 이용해 사이버틱한

분위기를 조성한다.

식당은 2층으로 나뉘어 있다. 마룻바닥이 노면보다 높고 커다란 유리창이 1층에서 지하로 바로 통해 있기 때문에 1층 식당에 앉아서도 빨간 이층버스가 지나가는 것을 볼 수 있고 지나다니는 사람들도 가게 안을 볼 수 있다.

고급 영국식 식재료로 만든 이탈리아 요리는 Isola의 대표적인 요리로 런던의 미식평가에서 좋은 평가를 받았고, 다양한 술은 런던의 오락잡지 『Time Out』의 강력한 추천을 받았다.

날이 어두워지면 종업원들이 테이블 위에 촛불을 밝혀 도시 남녀들의 마음을 유쾌하게 한다. 식사 후 1층으로 가면 마치 마법의 세계에 들어간 것 같고 밤이 깊어질수록 Isola에는 사람들로 더욱 붐빈다.

밀레니엄
나이츠브릿지
Millennium Knightsbridge

 P.71D3
 17 Sloane Street, London SW1X 9NU
 44-20-7235-4377
 2인실 £175~250
 www.millenniumhotels.com

런던에서 가장 패셔너블한 호텔을 꼽으라면 Millennium Knightsbridge만한 곳은 없다. Harrods와 Harvey Nichols가 있는 나이츠브릿지 쇼핑 구역에 위치하고 문을 열면 좌우로 Gucci, Fendi 매장이 있다. 또 걸어서 5분 거리에는 Burberry, Chanel, Prada, Giorgio Armani가 있다. 런던에서 가장 사치스러운 슬로안 스트리트에서 잘 견뎌냈다면, 이제는 Millennium Knightsbridge에서 인내심을 공부할 차례이다.

호텔의 첫 모습은 검은 색이다. 입구에서 중앙 홀까지 펼쳐진 검은색 대리석은 무거운 색조에서 빛을 발산한다. 대형 거울의 맞은 편에는 대리석을 깎아 만든 인포메이션이 있어 좁은 공간에 볼거리를 제공한다. 바닥의 담황색 모자이크 타일은 검은색 대리석과 대치되어 눈길을 끌며 공간의 조화를 이룬다. 이처럼 MK는 세속적인 것이 얽매이지 않는 현대적인 디자인으로 주목받고 있다.

1층의 검은색 아치문을 지나 2층으로 가면 MJU 식당이 있다. 1·2층의 흰색계단은 바와 식사공간을 구분해준다. 바는 붉은색을 주로 사용하고 분홍색 작은 등으로 바닥과 의자를 비춘다. 바에는 작은 소파가 놓여있니. 2개의 공간은 10명과 20명이 앉을 수 있는 커다란 특별석으로 개조되었는데 벽에는 Ben Westwood가 직접 찍은 유명 모델 Amber Nuttal과 Rosie Fellne의 흑백사진이 걸려 있다. 그의 재능은 모친인 Vivienne Westwood에게서 물려받은 것으로, 사진 'MJU의 미인들'은 바에서 가장 현대적인 모습을 지니고 있다.

MJU는 런던에서 유명한 일식당으로 주방장 Paul Peters와 오스트레일리아인인 술 감별사 Michaela Clayton이 운영한다. 2002년 MJU를 인수한 Paul은 Brown호텔의 주방장을 역임하기도 했다. 그의 특기는 프랑스 요리와 지중해 요리를 아시아시오로 요리히는 것이다 그래서 MJU의 일식요리는 다원화된 특징이 있다. MJU는 영국의 「Rosette Awards」를 연속 수상하였다. 풍부한 경험과 정확히 맛을 감별해내는 Michaela가 권하는 술 맛에 MJU는 저녁이면 항상 자리를 찾기가 힘들다.

같은 메뉴라도 손님의 국적에 따라 맛을 조절하여 마치 집에서 먹는 것같아 한 번 맛 본 손님은 꼭 다시 찾아온다고 한다.

마이호텔 첼시
Myhotel Chelsea

P.71D4

35 Ixworth Place, Chelsea, London SW3 3QX

44-20-7225-7500

2인실 £175~390

www.myhotels.com

미국 드라마 'Sex and the City'에 나오는 Myhotel Chelsea는 장식, 진열품, 색조에서 세부사항까지 유쾌하지 않은 것이 없고, 특히 여성들에게 인기가 많다. 객실의 장식품은 단순하지만 분홍색 날염 커튼, 자주색 융단, 진분홍색 1인용 소파, 오렌지색 벨벳 침대시트 등 곳곳에서 여인의 향기를 느낄 수 있다. 객실의 티테이블에는 여성들이 즐겨보는 패션잡지 ELLE와 VOGUE가 올려져 있다. Chelsea는 고객의 쇼핑욕구도 고려하여 런던의 쇼핑지역인 사우스 켄싱턴에 위치하며 인근 상점들과 제휴하여 고객에게 쇼핑의 혜택을 제공한다.

하이드 파크 호스텔
Hyde Park Hostel

P.70B1

Hyde Park Hostel 2-6 Inverness Terrace Bayswater London W2 3HY

44-20-7229-5101

2인실 £43부터, 도미토리 £11~16

가든 코트 호텔
Garden Court Hotel

P.70B1

30/31 Kensington Gardens Square

44-20-7229-2553

2인실 £76~118

www.gardencourthotel.co.uk

런던 B&B
London B&B

44-20-7385-9922/3434

acc@host-guest.co.uk

£15~30

넘버 식스틴
Thistle Kensington Palace

P.70B3

104 Bayswater Road, Kensington, West London, W2 3HL

44-87-0333-9111

2인실 £117~211

www.thistlehotels.com

시드니 하우스 첼시
Sydney House Chelsea

P.71C4

9-11 Sydeney St. Chelsea London SW3 6PU

44-20-7376-7711

£175~250

www.sydenyhousechelsea.co.uk

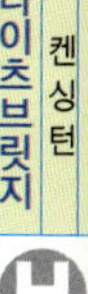

더 퀘스트 호스텔
The QUEST Hostel

- P.70B1
- 45 Queensborough Terrace Bayswater London W2 3SY
- 44-20-7229-7782
- 도미토리 £11~19
  2인실 £50~60

렌스터 인 호스텔
Leinster Inn Hostel

- P.70B1
- 7-12 Leinster Square Bayswater London W2 4PP
- 44-20-7229-9641
- 도미토리 £14~18.5
  2인실 £26.5~30.5

런던 홀랜드 파크 유스호스텔
YHA London Holland Park

- P.70A3
- Holland Walk, Kensington, London W8 7QU
- 44-87-0770-5866
- 1인당 £22
- www.yha.org.uk

런던 베이든 파월 하우스 유스호스텔
YHA London Baden Powell House

- P.71C4
- 65-67 Queen's Gate London SW7 5JS
- 44-87-0770-6900
- 1인당 £28.00
- www.yha.org.uk

디슬 켄싱턴 팰리스
Number Sixteen

- P.71C4
- 18 Summer Place London SW7 3EG
- 44-20-7589-5232
- 2인실 £170~195
- www.numbersixteenhotel.co.uk

노팅힐
Notting Hill
ALICE'S

노팅힐
Notting Hill

영화 'Notting Hill'의 남자 주인공
은 이렇게 말했다. '이곳엔 채소
시장, 미용실, 문신 가게가 있어요. 많
은 사람들이 골동품을 사는데 여기에는
진짜인 것도 있고 가짜인 것도 있지요.'
화려한 색으로 칠해진 이층 아파트를
제외하면 노팅힐은 아주 매력적인 곳이
며 사실 이는 진짜 런던의 생활모습에
가장 가깝다.

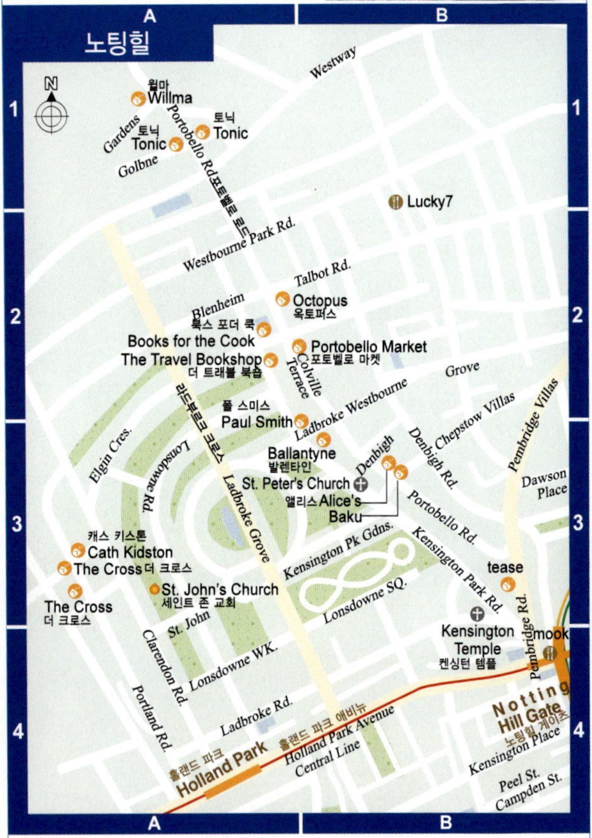

기호 설명			
파크	건축물	일반 명소	쇼핑
버스역	특색있는 거리	교회	식당

포토벨로 로드
Portobello Road

P.92B2

Notting Hill Gate역에서 Talbot Rd. 입구까지 도보 15분

90 Notting Hill Gate W11 3HP

mook cafe 44-20-7229-5396

시장 :
금요일·토요일 7:00~17:00(계절에 따라 다르다)
mook cafe :
일요일~수요일 12:00~23:00
목요일~토요일 12:00~0:00

mook cafe : 샌드위치 £4.50부터, 샐러드 £2.95부터, 주류 £5.50부터

영화 ≪Notting Hill≫과 포토벨로 마켓(Portobello Market)덕분에 노팅힐은 런던에서 인기 관광코스가 되었다. Notting Hill Gate 역에서 오른쪽으로 돌면 노팅힐의 입구인 펨브리지 빌라스(Pembridge Villas)가 나오는데 이 거리에는 술과 가벼운 식사를 할 수 있는 유명한 식당 'mook' 가 있다. 메뉴판은 공문서처럼 만들어져 있고 등받이가 있는 의자와 검정색 가죽 소파가 놓여 있어 익살스러움이 가득한 사무실 분위기를 연출한다.

펨브리지 빌라스를 끼고 안쪽으로 가면 포토벨로 로드(Portobello Road)가 나온다. 이곳에서는 거리를 따라 늘어선 개성 있는 의류매장들을 볼 수 있는데, 화려한 간판들이 눈길을 끈다. 주말이면 이곳은 런던에서 가장 유명한 시장 중의 하나가 된다. 매주 토요일에는 지도를 들고 길을 물을 필요 없이 사방에서 쏟아지는 인파를 따라 걷기만 하면 된다. 앞쪽에서 여러 가지 골동품, 장난감, 장식품들을 팔고 뒤쪽으로 오면 옷, 고서, 과일, 향료를 파는 노점이 있다.

시장의 앞쪽에 있는 Baku는 런던과 관련된 기념품을 파는 가게이다. 빨간색 이층버스, 검정색 택시 모형차, 빨간색 우체통이나 전화부스 모형의 저금통, 지하철 노선이 인쇄된 티셔츠와 손가방 등이 있지만 Baku에서 가장 인기 있는 것은 가게 안에서 바깥까지 펼쳐져 있는 모조 포스터와 철간판으로, 골동품을 수집하는 사람들이 꼭 들르는 곳이다.

더 트래블 북숍
The Travel bookshop

- P.90A2
- Notting Hill Gate역에서 도보 15분
- 13-1, Blenheim Crescent, Notting Hill London W11 2EE
- 44-20-7229-5260
- 월요일~토요일 10:00~18:00
- www.thehill.co.uk

영화 《Notting Hill》에서 남자주인공이 운영하는 서점이었던 이곳은 지금은 관광객들의 필수코스가 되었다. 서점의 진짜 주인인 Sarah Anderson은 여행과 책에 열정을 가지고 있는 중년 여성으로, 신문에 영화감독이 어떻게 자신의 서점을 방문을 하게 되었는지, 현지조사는 어떻게 진행되었는지 등을 서술한 내용의 글을 싣기도 하였다. 1998년에 영화가 촬영된 후 유명해지자 서점에는 많은 변화가 생겼다. 그녀는 서점을 운영하면 영화

폴 스미스
Paul Smith

- P.90A2
- 120 Kensington Pask Rd. London W11
- 44-11-5968-5979
- www.paulsmith.co.uk

Paul Smith의 출세기는 마치 영화와 같다. 16세의 Paul의 꿈은 프로 싸이클선수가 되는 것이었으나 아버지의 뜻을 따라 고향으로 돌아와 옷가게의 일을 거들었다. 그러다가 그는 심한 교통사고를 당하고 퇴원한 후 친구와 함께 간 술집에서 우연히 예술학교의 학생들을 만났다. 그 후 패션에 흥미를 갖게 된 19세의 Paul Smith는 노팅엄에 자신의 가게를 열었다. 낮에는 가게를 경영하며 야간학교에서 재봉과정을 이수한 결과 6년 후 자신의 이름을 딴 남성복을 출시 할 수 있었다. 지금의 Paul Smith는 의심할 필요가 없는 영국 정상급 디자이너

에서처럼 오랜 시간동안 밖에서 연애를 할 수 없지만, 영화와 비슷한 점이 있다면 주인공처럼 집을 떠나는 일이 거의 없어 모든 생활이 인터넷으로 이루어 지는 것이라고 웃으며 이야기한다. 미국의 스타가 영국의 평범한 남자와 사랑하게 된다는 낭만적인 줄거리의 《노팅힐》은 노팅힐이라는 친절하고 따뜻한 지역사회에 특별한 기록을 남겨주었다.

지금은 서점의 규모가 커졌고 책들이 가득 진열되어 있다. 여행서적, 소설, 안내서와 지도가 모두 국가와 지역별로 나뉘어져 있어 찾기에 편리하다. 다른 전문 서적 코너에는 런던의 역사, 전기, 여행서와 식당안내서 등이 진열되어 있고 종업원들도 친절하다.

중의 한 명이다. 전 세계 35개 국기에시 그의 전문 매장을 볼 수 있으며 줄무늬는 그의 트레이드마크가 되었다. 남녀 의류, 청바지, 액세서리, 신발 등 7개 분야에서 제품을 생산하며 특정 고객을 위해 독자적인 상품을 개발하기도 했다. Paul Smith의 제품에서는 그 화려한 스타일을 통해 시종 싸이클선수가 되고 싶었던 소년의 열정, 창의력과 꿈을 느낄 수 있다.

옥토퍼스
Octopus

P.90A2

Notting Hill Gate역에서 도보 10분

172, Portobello Road W11 London

월요일~금요일 9:30~18:00, 토요일 9:00~19:00 일요일 10:00~17:30

Liquid 시리즈 장식 £7.50~12, 무당벌레 손톱깎이 £14, 은제 머리장식 £24부터

얼핏 보면 장난감 가게인 것 같은데 막상 들어가 보면 화려한 색깔의 실용적인 가정용품을 발견할 수 있다. 옥토퍼스(Octopus)의 주인은 재미있고 신기한 물건들을 찾아 전 세계를 돌아다니며 독창적인 디자인의 제품들을 구해온다. 매장 안에 진열된 제품은 대부분 유럽의 프리랜서 디자이너의 작품으로 태국, 일본에서 가져온 것도 있다.

입구에서는 'Happy Cabinet' 이란 이름의 컬러 서랍장(£85)이 두 눈을 동그랗게 뜨고 있고, 그 위에는 고무로 만든 탁상용 스탠드(£27.5)가 손님을 맞이한다. 집안이 허전하다면 같은 색과 모양의 토스터기(£28)와 인형과 꽃이 수놓아진 펜던트 등(£27.5)을 구입해보자. 귀여운 토스터기를 사용해 아침을 만들어 먹는 것을 상상해보면 즐거울 것이다. 여기에 꽃무늬가 그려진 작은 테이블(£65), 귀여

북스 포 더 쿡
Books for the Cook

P.90A2

Notting Hill Gate역에서 도보 15분

4 Blenheim Crescent, Notting Hill London W11 1NN

44-20-7221-1992

화요일~토요일 10:00~18:00

Workshop £25~60

www.booksforcooks.com

런던의 주방장들이 어디에서 비

운 돼지나 닭이 그려진 숟가락과 포크가 함께 한다면 더욱 완벽할 것이다.

Octopus엔 그 외에도 컬러 플라스틱 조각, 금속을 두른 손가방과

멜빵(소 £24, 중 £28, 대 £32), 과일 모양의 컬러 방수가방(£14)도 있는데 패셔너블한 여성들이 곡 선택하는 머스트-해브 소품이다.

법을 찾는지 알고싶다면 'Books for the Cook'에 가보자. 1983년에 문을 연 이 서점은 The Travel Bookshop 맞은편에 있다. 창립자 Heidi Lascelles는 요리사도 서점 주인도 아닌 간호사로, 경험을 통해 좋은 음식이 사람에게 중요하다는 것을 깨달았다. 그녀는 런던의 대형 서점에 음식 관련 서적이 구석자리에 놓여있는 것을 보고 음식과 요리를 주제로 전문서점을 열었다.

현재의 경영자 Roste Kinderseley와 Eric Treuille는 서점 뒤쪽에 작은 과자점과 Workshop을 열어 폭넓은 인기를 얻고 있다. 프랑스 국적의 Eric은 이탈리아 요리, 모로코 요리, 프로방스 요리에서부터 야채 요리, 디저트, 샐러드 등 모든 것을 가르친다.

유럽에서 태국식당 중 유일하게 미슐랭의 영예를 얻은 Nahm의 주방장 Mattew Albert도 Books for the Cook을 자주 이용하고 있으며 이 서점은 이미 주방장과 대식가들의 모임장소가 되었다.

토닉
Tonic

P.90A1

Notting Hill Gate역에서 도보 20분

276 Portobello Road London W10 5TE

44-20-8960-8216

월요일~토요일 10:00~18:00, 일요일 11:00~17:00

John Smedly 니트 £65~85(남), Diesel청바지 £60~120

www.tonicuk.com

친한 친구사이인 Maura Oosterhuis와 Philip Bickley는 포토벨로 로드 건너편에 'Tonic' 이라는 두 개의 모던풍의 의류매장을 열었다. Maura는 Tonic women을, Philip은 Tonic men을 관리한다.

Tonic men의 주요 브랜드는 Diesel, G-Star, John Smedly, Replay이다. 그중에서도 Diesel 청바지(£60-120)가 주요 품목으로, 화려한 색상의 셔츠, 티셔츠, 외투와 잘 어울리며 모든 옷에 특이한 도안과 디자인이 들어가 있다. WeR은 Replay서브 브랜드로 수작업으로 꼼꼼하게 마무리된 상의를 주로 제작하며 모든 옷엔 예쁜 가방이 서비스로 제공되어 인기가 있다. WeR의 제품은 소량만 제작되어 소수의 명품점에서만 판매되고 있는데 Tonic은 그중에서도 좋은 제품만 들여와 판매하고 있다.

Maura가 관리하는 Tonic women에도 Diesel 청바지가 있는데 귀여우면서 활달한 여성미를 가진 다양한 스타일을 구비하고 있다. Maura가 개발한 Derhy, Yanuk은 아시아에서도 새롭게 알려진 브랜드이다. Derhy는 프랑스 브랜드로 여성스러운 얇은 조끼(£65)로 인기가 있고 Yanuk는 헐리웃의 유명 스타들도 찾는 신제품으로 청바지(£130)가 대표적이라 할 수 있다.

윌마
Willma

- P.90A1
- Notting Hill Gate역에서 도보 25분
- 339 Portobello Road London W10 5SA
- 44-20-8960-7296
- 화요일~토요일 11:00~18:00
- www.urbanpath.com/london/boutiques/willma.htm

윌마(Willma)는 런던 스타일의 잡화 전문 매장이다. Sophie Towilk 과 Sacha Mavroleon이 런던의 고품격 여성들을 겨냥해서 잡화를 전문으로 하는 독창적인 명품점을 만들었다. '특별함'을 추구하는 Willma는 아주 빠르게 런던 패션계에서 지명도를 높여갔다. 유명 스타, 모델들이 이곳을 찾았으며 패션잡지 「ELLE」에서도 그들의 상품을 취재하였다. 물건을 사기 위한 대기자 명단은 Willma에선 특별한 일이 아니다. Sophie와 Sacha는 같은 물건을 3개 이상 주문하지 않는다는 원칙을 지키고 있기 때문에 유행하는 독특한 장식품이나 가방은 언제나 눈 깜짝할 사이에 팔리곤 한다. Sacha는 자신들은 보통 뉴욕이나 파리에서 가서 직접 물건을 고르고 새로운 브랜드를 발굴한다고 한다. Willma가 널리 알려지면서 독립적인 디자이너들이 자신이 만든 제품을 들고 찾아오기도 한다.

현재 Willma가 들여오는 브랜드로는 Johanna Ho의 날염 천가방(£150), 런던의 Deal & Wire의 은색 봉제배낭(소 £205, 중 £265), Jeffrey Portman의 모자(£75), Georgina Goodman의 신발(£240) 등이 있다. Sacha가 추천한 뉴욕디자이어 Patch의 보석 장식품은 동양의 세심함과 서양의 독창성이 결합된 것으로 최근 Willma 최고의 인기상품 중의 하나라고 한다.

발렌타인
Ballantyne

P.90B3

Notting Hill Gate역에서 도보
15분

153A New Bond Street., W1S
2TZ, London

발렌타인(Ballantyne)에는 세상의 모든 색이 존재한다. 진홍색, 연분홍색, 분홍색, 등황색, 담황색, 남색, 자주색, 검정색과 흰색 등 다채로운 색깔이 Ballantyne이 자랑하는 고급 캐시미어 양모와 어울리면 어떤 작품이 탄생할까?

이탈리아 브랜드인 Ballantyne은 밀라노, 도쿄, 뉴욕, 런던의 Harrod's에서 활동하다가 2004년 봄 노팅힐에 자리를 잡았다. Ballantyne의 다채로운 색깔의 니트는 스타일이 젊고 패션너블하여 120년이 넘는 브랜드의 역사와 연

결짓기가 힘들다.

현재 Ballantyne에서 일하는 12~13명의 디자이너는 밀라노의 작업실에서 계절별 시리즈와 새로운 스타일을 개발하고, 대표 상품인 캐시미어 니트와 스웨터는 스코틀랜드에 있는 공장에서 기술자들에 의해 만들어진다. 적어도 25-30년의 경력을 가진 기술자들은 Ballayntyne 니트의 핵심 인물이라 할 수 있다. 니트는 전부 손으로 만들어지기 때문에 모든 상품이 5~10년의 품질보증기간을 가지고 있다.

점원들이 추천하는 스웨터(단색 얇은 것 £270, 마름모 격자무늬의 두꺼운 것 £535), 큰 단추와 작은 단추로 장식된 니트(£330부터)는 패션계에 새로 입문한 사람에게 잘 어울린다.

더 크로스
The Cross

- P.90A3
- Notting Hill Gate역에서 도보 20분
- 141 Portland Road London W11 4LR
- 44-20-7727-6720
- 월요일~토요일 11:00~17:30

패션잡지에 나온 머스트 해브 아이템을 사려면 더 크로스(The Cross)에 가면 된다. The Cross에서 제안하는 스타일은 미국 TV시리즈 'Sex and the City'의 여주인공을 연상케 한다. Milana T의 꽃무늬에 은색 선으로 수를 놓은 정장과 트위드 니트 코트(£700)를 입고 Anya Hindmarch의 수공예 가방(£250)을 들면 아기자기한 나비 리본이 여성스러움을 한껏 드러내준다. The Cross가 개발한 앞트임이 있는 캐시미어 니트(£216)와 스웨터(£205)는 변화가 심한 런던의 날씨에 알맞다. 이탈리아 브랜드 Duccio del Duca와 파리 브랜드 Rodolphe Menudier의 하이힐(£245부터)은 도도한 느낌으로 저녁 연회나 파티에 아주 훌륭하다.

최근 The Cross는 가게를 넓혀 원래 매장에서는 의류를 취급하고 건너편 매장에서는 잡화를 취급한다. 영국 BBC의 패션 프로그램의 사회자 Caryn Franklin은 The Cross를 가리켜 '웨스트엔드의 여성들이 가지고 싶어 하는 물건들이 전부 있는 곳'이라고 표현했는데 가게 안에 아침 일찍부터 와서 옷을 입어보려고 기다리는 여성들을 보면 그 말이 사실임을 확인할 수 있다.

앨리스
Alice's

P.90B2

86 Portobello Road W11

London 2QD

44-20-7229-8187

포토벨로 로드에 위치한 앨리스(Alice's)는 오랜 역사를 지닌 골

동품 가게이다. 현재 가게주인인 Douglas의 조부가 이 가게를 열었다고 한다. 각종 골동가구와 잡화가 가게 안팎에 쌓여있고 컬러 나무상자와 나무 궤가 오가는 사람들의 시선을 끈다. 작은 가게에 들어가면 오래된 타자기, 철제설탕단지와 소금단지가 100여 년 전의 세상으로 우리를 안내한다.

가게 주인은 배달서비스도 제공하지만 국제운임이 비싸 해외 관광객들은 작은 골동품만 산다고 한다. 가게 내부는 좁고 길어 크지는 않지만, 좋은 물건들이 많이 있어 주말에 Alice's를 방문하면 좋은 수확을 거둘 수 있을 것이다.

🍴 식당

카페 다이애나
Cafe Diana

- P.70B2
- Notting Hill Gate역에서 도보 10분
- 5 Wellington Terrace Bayswater Road London W2 4LW
- 44-20-7792-9606
- www.cafediana.com

다이애나비가 죽기 전인 1989년에 문을 연 작은 식당이다. 다이애나비를 흠모하여 이 식당을 열었다는 식당 사장의 마음은 벽에 가득한 다이애나비의 사진을 보면 알 수 있다.

이곳에서는 샌드위치, 햄버거, 샐러드 등 간단한 음식이 제공된다. 손님들은 주로 인근 주민이나 샐러리맨들로 서로 잘 아는 사이이다. 가격도 적당하고 마치 이웃집에 놀러 간 것처럼 친근하고 화기애애한 분위기가 매력적이다.

베이커 스트르
메릴본
Baker Street & Marylebone

베이커 스트리트

Baker Street & Marylebone

베이커 스트리트(Baker St.)라고 하면 셜록홈즈의 집이 떠오른다. 또 이 지역에는 명탐정 셜록홈즈 외에 런던의 전문직 여성들이 좋아하는 메릴본 하이 스트리트(Marylebone High St.)가 있어 편안하게

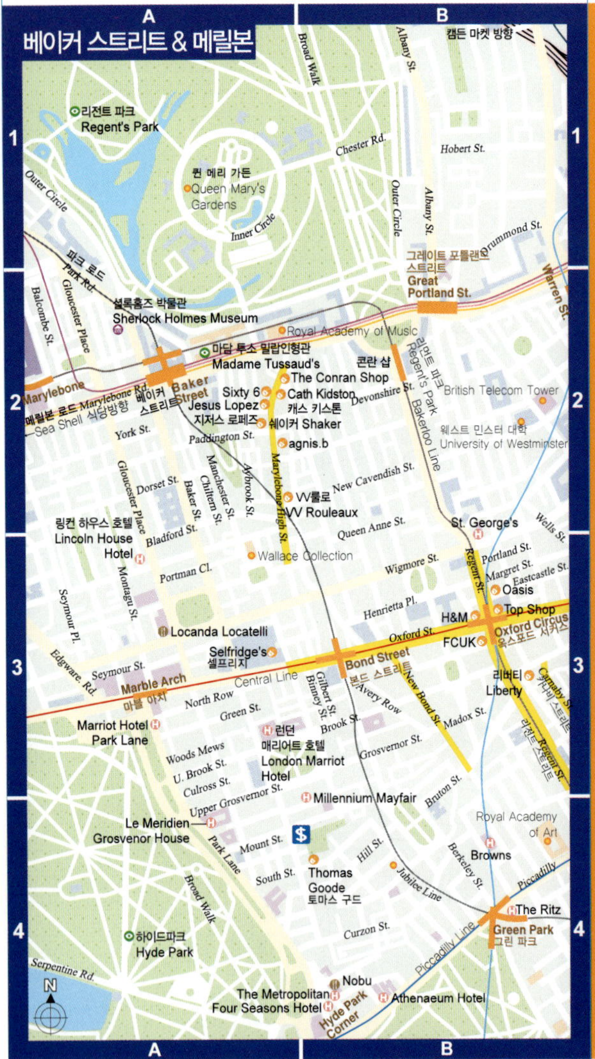

& 메릴본

쇼핑을 즐길 수 있으며 전 세계의 중요한 문물들이 전
시된 대영박물관도 이곳에 위치한다.

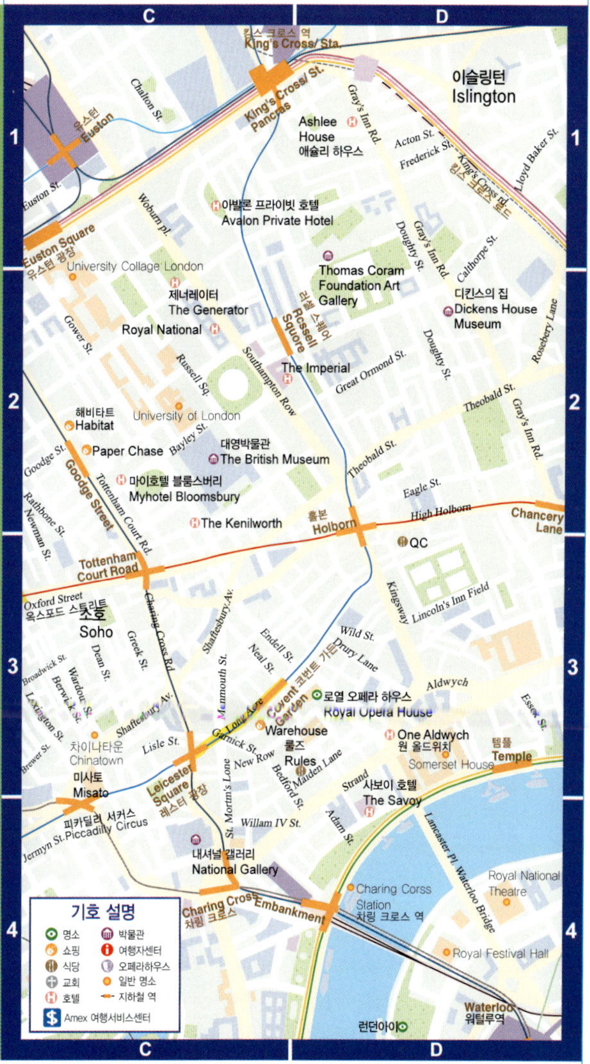

셜록홈즈 박물관
Sherlock Holmes Museum

- P.104A2
- Baker Street역에서 도보 5분
- 221B Baker Street, London
- 44-20-7935-8866
- 9:30~18:00
- 12월 25일
- 성인 £6, 16세 이하 £4
- www.sherlock-holmes.co.uk

담뱃대를 입에 물고 사냥 모자를 눌러 쓴 셜록홈즈. 그는 코난 도일이 쓴 소설 속의 세계적인 명탐정으로 그의 조수 왓슨 박사는 독자들과 함께 많은 사건들을 해결한다. 소설 속에서 셜록홈즈가 살았던 베이커 스트리트(Baker St.) 221B호는 1990년에 박물관으로 재탄생되었다. 박물관은 소설 속의 모습 그대로 꾸며져 있어 셜록홈즈의 숨결을 그대로 느낄 수 있다.

소설 속에서 셜록홈즈와 왓슨이 살던 베이커 스트리트 221B의 2층 앞쪽엔 그들이 함께 사용했던 서재가 있고 뒤쪽엔 셜록홈즈의 침실이 있다. 서재에는 셜록홈즈가 사용하던 사냥모자, 돋보기, 담뱃대, 가스 등 등이 진열되어 있다.

소설 속에서 셜록홈즈의 집주

마담 투소 밀랍인형관
Madame Tussaud's

- P.104A2
- Baker Street역에서 도보 3분
- Marylebone Rd., London NW15LR
- 44-87-0999-0046
- 월요일~금요일 9:30~17:30, 토요일~일요일 9:30~18:00
- 9:00~17:00 :
  성인 £22.5, 5~15세 £18.5,
  가족표 £74.00
  5:00 이후 :

인인 허드슨 부인이 박물관 입장권 영수증에 셜록홈즈의 주거지 증명서를 발행해주는데 이것은 셜록홈즈의 팬에겐 매우 가치 있는 소장품이 될 것이다. 박물관 맞은편에는 기념품 가게도 있다.

성인 £12.5, 5~15세 £10, 가족표 £40

www.madame-tussauds.co.uk

영국 왕실, 제임스 본드 등 유명인사가 한 곳에 모여 있는 곳은 어디일까? 마담 투소 밀랍인형관(Madame Tussaud's)에는 각 국의 인기 스타, 정계 요인들이 살아있는 것 같은 모습으로 관람객들에게 그들과 함께 있는 것 같은 환상을 준다.

투소부인은 원래 프랑스대혁명의 석고상을 만들다가 밀랍인형 제작의 길로 들어서서 평생을 밀랍인형 제작에 힘썼다. 그녀는 밀랍인형 외에도 역사적 사건의 장면을 재현하는데 심혈을 기울였는데 그 중에서 프랑스 혁명 당시를 형상화한 공포의 방 'Chamber of Horrors'가 제일 유명하다. 그 외에 중앙홀에는 각국의 지도자, 유명 인사, 왕족의 밀랍인형들이 전시되어 있다. 다이애나비는 혼자 서 있지만 주변은 언제나 방문객들로 항상 붐빈다.

리전트 파크
Regent's Park

P.104A1

Baker Street역에서 도보 5분

44-20-7486-7905

7:00~일몰

리전트 파크(Regent's Park)는 헨리 8세의 사냥터였다가 1817~1828년 공원으로 만들어졌다. 원래는 리전트 왕의 행궁과 별장 56개를 지어 전원도시를 만들려고 했던 곳이지만 8개의 별장만 지어진 채 공사가 끝나버렸고 지금은 런던 사람들이 가장 좋아하는 녹지공원이 되있나.

리전트 파크의 원형극장에서는 매년 여름이면 셰익스피어의 연극을 공연한다. 「한여름 밤의 꿈」은 빠지지 않고 공연되며 셰익스피어의 2편의 희극 '윈저의 즐거운 아낙네들'과 '십이야'도 인기가 좋다.

대영박물관
British Museum

- P.105C2
- Russell Square나 Tottenham court역에서 도보 10분
- Great Russell St., London WC1B 3DG
- 44-20-7323-8000/8299
- 10:00~17:30
- 1월 1일, 예수수난일 12월 24일~26일
- 무료, 특별전시회-유료
- www.thebritishmuseum.ac.uk

대영박물관(British Museum)의 다양하고 진귀한 소장품들은 대영제국의 위대한 역사를 알려준다. 대영박물관은 세계 최초로 개방된 국립박물관으로 1759년에 개방됐으며 고대 문명유적을 포함한 서아시아와 고대 지중해의 초기 문화예술품을 소장하고 있다.

대영박물관의 소장품은 처음엔 Sir Hans Sloane의 개인 소장품이었는데 영국 국회에서 채권을 발행하는 방식으로 사들인 것이다. 오랫동안 개인 소장품을 사들이고 각계의 기증을 받는 것과 동시에 고고학계의 새로운 발굴을 통해 지금의 대영박물관의 모습이 만들어졌다. 현재 대영박물관의 전시실은 100개가 넘으며 이집트, 서아시아, 그리스, 로마, 일본, 동양, 중세, 근대 등 지역별, 시대별로 나뉘어 있어 관람하는데 적어도 세 시간은 소요되며, 자세히 살펴보자면 이틀 동안 봐도 다 둘러볼 수 없다. 하지만 시간이 부족하더라도 서

디킨스의 집
Dicken's House Museum

- P.105D2
- P선 Russell Square역, CE선 Chancery Lane역
- 48 Doughty St., London WC1N 2LX
- 44-20-7405-2127
- 월요일~토요일 10:00~17:00, 일요일 11:00~17:00
- 성인 £5, 학생 £4, 노인 £4, 어린이 £3, 가족표(최대 성인 2명, 어린이 5명) £14
- www.dickensmuseum.com

이 저택은 18세기에 지어진 건축물이다. 대문호 디킨스는 1837년부터 3년 동안 이곳에 거주하면서 많은 작품을 썼는데, 그 중에 '올리버 트위스트'가 가장 유명하다. 디킨스가 작품을 쓸 때 사용하던 책상은 지금까지 서재에 놓여져 있고 이밖에 디킨스의 초고, 편지, 초상, 가구 등이 진열되어 있다.

아시아, 이집트와 그리스는 절대 놓치지 말자.

2000년 완공된 앞뜰의 천정은 신시청사와 밀레니엄 브릿지를 담당한 Foster & Partners가 설계했다. 이 천정은 박물관·도서관(마르크스가 이곳에서 「자본론」을 완성했다)과 연결된 투명한 천정으로 6,000개의 대들보와 3,312개의 유리로 만들어진 대표적인 런던 현대 건축 중의 하나이다.

🎁 쇼핑

지저스 로페즈
Jesus Lopez

P.104A2
Baker Street역에서 도보 8분
69, Marylebone High street
London W1U 5JJ
44-20-7486-7870
월요일~토요일 10:00~18:00,
일요일 12:00~17:00
니드상의 £09부디, 평장 £295부터, 하이힐 £179~229, 단화 £79~89

Jesus Lopez는 구두에 대한 사랑으로 직접 업계에 뛰어든 디자이너이다.

트렌드를 사랑하는 열정과 추진력을 바탕으로 자신이 직접 패션잡지와 구두디자인을 개발하고, 또 이탈리아의 장인을 찾아내어 원하는 신발을 제작한다.

Jesus는 가장 사랑하는 구두로 무엇보다 섹시한 하이힐을 꼽는데, 꽃이나 새 등의 자연적 문양을 평면적이니 입체적인 방식으로 구두끈과 결합하였고, 올 계절 최고의 트렌드인 선황색, 밝은 오렌지색, 코코넛 그린, 아쿠아 블루를 모두 갖추고 있다.

Jesus는 구두디자인 뿐만 아니라 가방디자인도 하는데, 30세 이상의 전문직 여성이 주 고객이다. 이는 그의 트렌디 제안이 퇴근 후에도 매력적인 코디를 할 수 있도록 하기 때문이다.

캠든 마켓
Camden Market

- P.104B1
- Northern Line Camden Town 역에서 도보 3분
- Camden High St. & Chalk Farm Rd.
- 금요일~일요일 9:00~18:00

캠든 마켓(Camden Market)의 역사는 18세기로 거슬러 올라간다. 당시 캠든 운하를 통해 상인들이 왕래하게 되면서 캠든 갑문은 점차 상업 중심지가 되었다.

캠든 마켓은 캠든 록 마켓(Camden Lock Market), 스테이블스 마켓(Stables Market), 캠든 마켓(Camden Market), (캠든 캐널 마켓(Camden Canal Market)으로 나뉜다. 캠든 하이 스트리트(Camden High St.)를 끼고 앞으로 가다보면 200개의 노점이 있는 캠든 마켓이 나오는데 이곳의 옷은 저렴하면서도 질도 좋다. 여기서 직진하면 운하가 나온다. 'Camden Lock'이라고 크게 쓰여 있는 간판이 서 있어서 쉽게 찾을 수 있다. 캠든 마켓의 정수인 캠든 록 마켓은 스테이블스 마켓과 함께 길의 왼쪽을 차지하고 있으며 오른쪽은 캠든 운하의 부두와 캠든 캐널 마켓이 있다.

스테이블스 마켓은 본래 화물 운송용 부두였는데 많은 중고 의류매장과 골동품 가게가 버려진 화물 창고에서 영업을 하고 있는 것이다.

어두운 등불 아래서 보물찾기에 도전해 보자. 인접해 있는 캠든 록 마켓은 런던 펑크족의 개인 옷장이라고 불리는데 특히 50–60년대 복고풍 의상이 주류를 이루고 있다. 이곳에서 쇼핑하는 사람들도 독특한 옷차림이 대부분이며 가게 주인과 종업원들의 차림도 여기에 절대 뒤떨어지지 않는다.

쉐이커
Shaker

- P.104A2
- Baker Street역에서 도보 8분
- 72–73, Marylebone High Street W1, London
- 44–20–7935–9461
- 월요일~토요일 10:00~18:00, 일요일 12:00~17:00(일요일 영업시간은 전화로 문의)
- 나무의자(종류에 따라 다름)

메릴본 하이 스트리트
Marylebone High Street

P.104A2

Baker Street역에서 도보 8분

옥스포드 서커스와 리전트 스트리트는 관광객과 인파로 복잡한데, 이럴 때 메릴본 하이 스트리트(Marylebone High St.)로 가보는 것도 괜찮은 방법이다.

이곳은 런던 여성들이 가장 좋아하는 쇼핑가 중의 하나로, 주변에 사무실과 병원이 있어 변호사, 의사, 간호사 등 많은 전문직 여성들이 이곳에서 쇼핑을 한다. 가격도 저렴한 편이고 여성들이 원하는 Madeleine Press, Monsoon, Fenn Wright Mansion, agnis.b 등의 매장

들을 이곳에서 쉽게 찾을 수 있으며 Aveda, The Body Shop 도 있다.

이밖에 가정용 잡화점 The Conran Shop, Shaker, VV Rouleaux도 이 거리에 자리 잡고 있다.

£239~250, 행거 £12.95

www.shaker.co.uk

쉐이커(Shaker)는 평범해 보이지만 그 안에서는 산림의 향을 맡을 수 있다. 앵두나무, 상수리나무 등 각종 튼튼한 목재가 Shaker에서 그 생명력을 이어가고 있다. 이러한 가구들은 대대로 이어져 이곳의 고객들은 조부모시대에 사용하던 가구들을 여전히 간직하고 있으며 이런 전통에 자긍심을 가지고 있다.

Shaker의 제품에서는 산신하고 심플한 스타일 속에서 현대적인 감각을 찾을 수 있고 시간이 지나도 유행에 뒤쳐지지 않는다. 심플한 스타일이 유행하기 전부터 이미 Shaker의 심플한 가구들은 고객들의 사랑을 받았으며 지금도 런던에서 가장 많은 사랑을 받고 있다.

캐스 키스톤
Cath Kidston

P.104A2
Baker Street역에서 도보 8분
51 Marylebone High Street London W1U 5HW
44-14-8043-1415
월요일~토요일 10:00~19:00, 일요일 11:00~17:00

www.cathkidston.co.uk

빈티지 스타일의 선두주자 캐스 키스톤(Cath Kidston)은 런던에 4개의 직영점과 전 세계적으로 500개의 분점을 가지고 있으며 최근에는 해외 직영점 1호가 뉴욕에 문을 열었다.

할머니가 직접 그린 듯한 그림으로 빈티지 스타일을 연출하고 작은 꽃무늬, 장미무늬, 동그라미, 직선, 전원 풍경화 등이 주요 색깔과 어울려 밝으면서도 옛스러운 멋을 낸다.

메릴본 하이 스트리트에 있는 매장의 1층에서는 작고 예쁜 식기, 다기(찻잔 £6.95, 접시 £6), 여성들이 좋아하는 가방(환경보호가방 £16~35), 화장품 가방(£15부터), 미용비누(£3) 등이 판매되고 지하에는 가정소품과 욕실용품, 재단서비스를 제공하는 작업대가 있다.

VV 룰로
VV Rouleaux

P.104A3
Bond Street역에서 도보 8분
102 Harylebone Lane W1U 2QD
44-20-7224-5179
월요일~토요일 9:30~18:00, 수요일 10:30~18:00
종류와 수량에 따라 다르다. 진주목걸이와 기본 등 작은 소품 약 £1.5부터
www.vvrouleaux.com
인터넷 구매 가능

VV룰로(VV Rouleaux)는 셔츠에 다양한 변화를 줄 수 있는 나비넥타이를 전문으로 한다.

"나비넥타이 한 개로 신발, 모자, 옷, 벽장식, 테이블보 등 최소 5가지의 효과를 낼 수 있다."라고 이곳의 사장인 Annabelle Lewis는 나비넥타이를 흔들며 자신 있게 말한다. VV Rouleaux의 모든 상품은 그녀의 아이디어에서 나온다. VV

Rouleaux는 Lewis의 마법의 집이며 모든 상상력은 이곳에서 실현된다. 이곳에서 파는 것은 나비넥타이뿐만이 아니다. 진주목걸이, 가면, 작은 날개, 자수, 리본 같은 여러 가지 소품들과 집안 분위기를 바꿀 수 있는 DIY제품을 모두 이곳에서 찾을 수 있다. 이곳의 종업원들은 모두 전문교육을 받아 고객들에게 여러 가지 기술을 전수해주기도 한다.

H 숙박

빅토리아 호스텔
The Victoria Hostel

- 71 Belgrave Road Victoria London SW1V 2BG
- 44-20-7834-3077
- 도미토리 £11~21
  2인실 £50~60

인터내셔널 스튜던츠 하우스
International Students House

- 229 Great Portland Street, London W1W 5PN
- 44-20-7631-8300
- 도미토리 £12부터
  2인실 £25부터
- www.ish.org.uk

애슐리 하우스
Ashlee House

- P.105D1
- 261-265 Grays Inn Road, London WC1X 8QT
- 44-20-7833-9400
- 도미토리 £9~18
  2인실 £23~25
  1인실 £35~37
- www.ashleehouse.co.uk

더 제너레이터
The Generator

- P.105C2
- Compton Place(off 37 Tavistock Place) London, WC1H 9SE
- 44-20-7388-7666
- 도미토리 £10~17
- www.generatorhotels.com/london

아발론 프라이빗 호텔
Avalon Private Hotel

- P.105C1
- 46-47 Cartwright Gardens, London, WC1H 9EL
- 44-20-7387-2366
- 2인실 £60~75
- www.avalonhotel.co.uk

시티 &
이스트엔드 &
사우스워크

The City & East End & Southwark

시티&이스트엔드

The City & East End & Southwark

시티 지구는 런던 역사의 기원지였으나 1666년 런던 대화재로 타버린 후 재건하여 지금은 상업금융의 중심지가 되었다. 사우스워크 지구는 런던의 신흥지역으로 시티 지구에서는 금지된 오락인 술집, 극

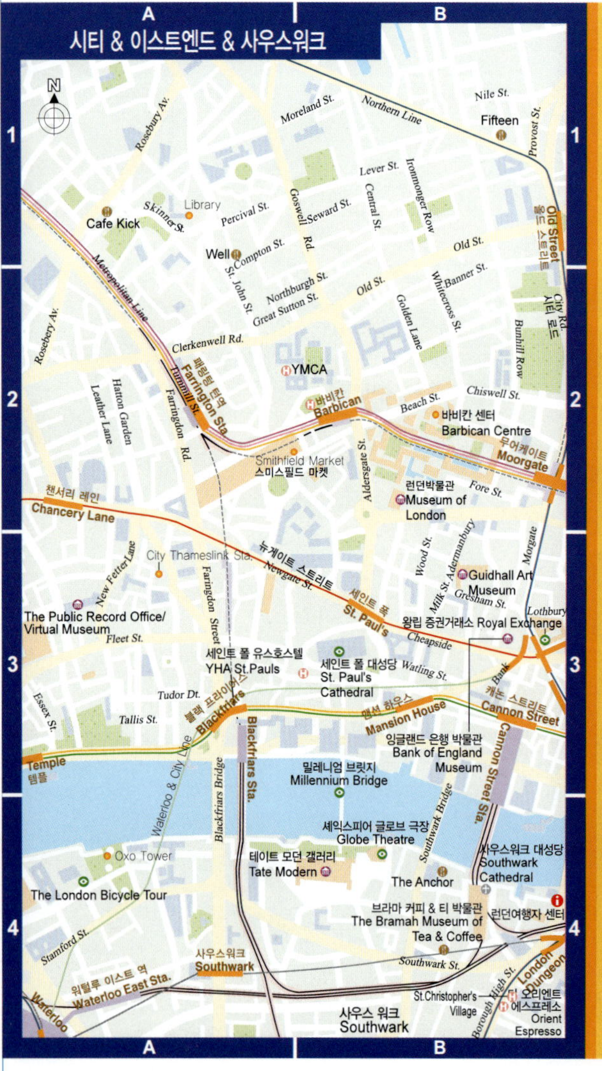

& 사우스워크

장 등이 허용되고 있다. 그러나 도시의 재건계획에 따라 사우스워크 지구도 점차 발전하여 오피스텔과 셰익스피어 글로브 극장, 테이트 모던 갤러리 등이 이전해왔으며 최근 보강공사가 끝난 밀레니엄 브릿지는 사우스워크 지구에서 가장 인기 있는 관광지 중의 하나이다.

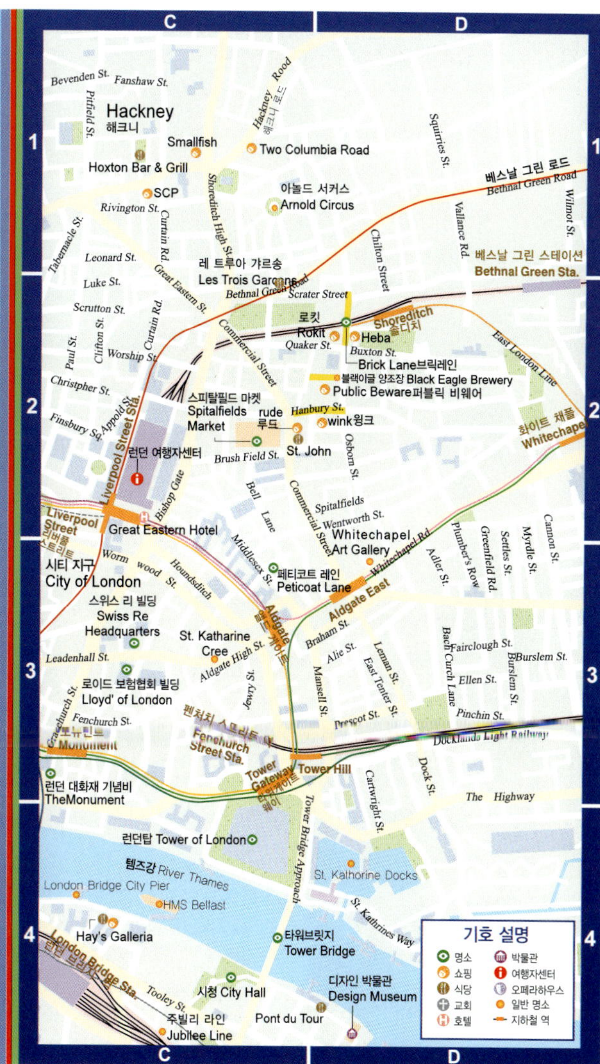

시티 지구
THe City of London

 P.117C3

시티 지구는 런던의 기원지로 지금은 상업금융의 중심지이다. 'City'라는 이름은 로마시대에 기원한 것으로 'City'는 상인·공인들의 활동무대였다. 파리의 Cité처럼 'City'는 도시의 발원지로서, 18세기까지 대표적인 런던시의 영역이었다.

브레드 스트리트(Bread Street)나 푸딩 스트리트(Pudding Street)처럼 중세 시대의 거리명이 그대로 사용되고 있는 것으로 당시 이곳의 상업이 얼마나 번창했었나를 알 수 있다. 그러나 애석하게도 1666년 대화재로 이곳의 중요한 유적들은 불타 없어지고 말았고 지금은 빌딩과 현대적인 사무실이 빽빽이 늘어서서 회사원들로 북적인다.

스위스 리 빌딩
Swiss Re Headquarters

 P.117C3

 Aldgate역에서 도보 10분

 30 St. Mary Axe, City of London EC3

스위스 보험회사의 본사이다. 총알 모양의 건축물로 에메랄드색의 유리가 외관을 두르고 있으며 벌집 모양으로 사선이 교차된 디자인은 마치 외계인이 두고 간 우주선을 연상시킨다. 높이 180m, 총 42층의 빌딩으로 햇빛을 충분히 모으기 위해 외관에 유리를 사용하였다. 내부는 사선으로 지탱하는 구조물과 기둥이 없는 마루판으로 설계되어 있다. 건축설계사가 일부러 모든 층을 나선형으로 올라가게 만들어서 마루판 사이는 나선형의 우물 모양이다. 돔 모양의 빌딩 꼭대기에는 식당과 행사장이 마련되어 있고 1층은 광장으로 사용되고 있다.

세인트 폴 대성당
St. Paul Cathedral

P.116B3

Mansion House역에서 도보 5분

St Paul's Churchyard London EC4M 8AD

44-20-7246-8350

월요일~토요일 8:30~16:00

성인 £10, 7~16세 £3.5, 가족표(최대 성인 2명 어린이 2명) £23.5, 가이드 투어 성인 £3, 7~16세 £1

www.stpauls.co.uk

　세인트 폴 대성당(St. Paul Cathedral)이 사람들에게 깊이 각인된 것은 바로 1981년 다이애나비와 찰스 왕자의 결혼식 때문이었다. 세인트 폴 대성당은 604년 건립되어 1666년 런던 대화재 이후 다시 중건된, 런던에서 가장 위대한 성당 건축물로 로마의 성 베드로 대성당에 버금간다. 돔 아래의 성가대석은 성당에서 가장 화려하고 장엄한 곳이다. 성당에서 수 백 개의 계단을 올라가야 있는 속삭이는 회랑(Whispering Gallery)은 구멍에 대고 말을 하면 회답이 있다고 하여 유명하다. 여기에서 다시 위로 올라가면 탑 정상에 오를 수 있는데 이곳에서 런던시의 풍경을 굽어볼 수 있다.

왕립 증권거래소
Royal Exchange

P.116B3

Bank역.

30 St. Mary Axe, City of London EC3

왕립 증권거래소는 개방하지 않음. 잉글랜드은행 월요일~금요일 10:00~17:00

무료

www.bankofengland.co.uk

　1565년 만들어진 왕립 증권거래소(Royal Exchange)는 엘리자베스 시대(1558-1603)의 상인이자 대신이었던 Sir Thomas Gresham이 개설한 것으로, 영국을 상업교역의 중심지로 만들려던 엘리자베스 여왕 1세로부터 'Royal'의 칭호를 하사받았다. 왕립 증권거래소의 앞쪽에는 작은 광장이 있는데 19세기 영국 최초의 남성 공중화장실이 이곳에 있었다.

　거래소의 맞은편에 있는 잉글랜드은행은 런던의 중요한 상업금융 지역을 형성하고 있다. 잉글랜드은행은 1694년 전쟁 비용의 경비를 차입하려고 설립된 은행이다. 이곳의 부속 박물관에서는 해가 지지 않는 나라 영국의 300년 동안의 은행사와 금융제도에 대해 살펴볼수 있다.

런던탑

Tower of London

P.117C4

Tower Hill역에서 도보 2분

London EC3N 4AB

44-84-4482-7777

화요일~토요일 9:00~16:30,
일요일~월요일 10:00~16:30.
16:00까지 입장

12월 24일~26일

성인 £15, 5~16세 £9.5, 학
생 £12, 가족표(최대 성인 2
명, 어린이 3명) £42

www.hrp.org.uk

정복왕 윌리엄이 템즈강에 목조
보루를 만든 이래 런던탑은 900년
동안 성루, 왕궁, 감옥으로 모습을
바꾸며 수많은 역사적인 사건들을
겪었다.

테라스에서는 타워 브릿지(Tower
of London)를 바라볼 수 있으며 테
라스 위의 해시계 종 주위에는 런
던의 역사가 새겨져 있다.

런던탑 안에 있는 각각의 탑에는
각기 다른 유물들과 그와 관련된
사연들이 있다. 가장 오래된 화이
트 타워(White Tower)는 11세기 말
에 완공되어 왕실의 병기를 보관하
는데 쓰였으나 지금은 런던탑 박물
관으로 바뀌어 수백 년에 걸친 각
종 무기의 변천사를 한눈에 살펴볼
수 있다. 탑을 관람하는 데는 적어
도 45분 정도가 소요된다.

보물관(Jewel House)은 영국 왕
실의 진귀한 왕관을 볼 수 있는 곳
으로 유명하다. 여왕이 국회 개원
때 쓰는 왕관을 포함하여 317g의
다이아몬드가 박힌 Imperial state
Crown과 세계 최대의 다이아몬드
(530g)인 '아프리카의 별'이 박힌
십자 지휘봉 등이 있다.

두 명의 왕자가 처형당한 블러
디 타워(The Bloody tower)는 감옥
으로 사용되었고 런던탑의 반역자
의 문(Traitor's Gate)을 지나면 사형
장이 있었다. 런던탑엔 까마귀들이

바비칸 센터
Barbican Center

- P.116B2
- 디선 Barbican역
- Silk Street, EC2 8DS
- 44-20-7638-4141
- 월요일~토요일 9:00~23:00, 일요일 12:00~23:00
- www.barbican.org.uk

바비칸 센터(Babican Center)는 1982년 건립된 종합예술센터로 런던 교향악의 집이라고 할 수 있다. BBC의 교향악단과 왕실 오케스트라단이 이곳에서 정기적으로 연주회를 갖는다. 그 외에도 영화, 무도회, 음악회, 연극 등의 공연이 열린다.

명소

로이드 보험협회 빌딩
Lloyd's of London

- P.117C3
- Bank역
- One Lime Street London EC3M 7HA
- 44-20-7327-1000
- www.lloyds.com

1680년 로이드는 런던에 작은 술집을 열었다. 상인들은 이곳에서 선박을 사고팔며 보험 업무를 보았는데 이것이 로이드의 시작이었다. 그러나 1986년에야 비로소 지어진 본사 건물에서는 로이드의 오랜 역사 흔적이라고는 찾아볼 수 없다. 그러면서도 보험회사라는 삭막하고 차가운 모습도 나타나지 않는다. 그 대신, 투명한 유리의 외관과 금속 링이 현대적인 분위기를 돋보이게 한다.

3세기에 걸쳐 계속적으로 발전한 로이드는 이미 전 세계로 뻗어나가 있다. 로이드 빌딩에서 스위스 리 빌딩을 볼 수 있는데 두 건물들이 마치 서로 이야기를 하고 있는 듯하다.

살고 있는 것으로 유명한데 까마귀들이 왕실의 번영을 지켜준다고 한다. 비피터(Beefeater)라고도 불리는 근위병들은 30분마다 관람객들을 인솔하여 런던탑을 안내해준다.

타워 브릿지
Tower Bridge

- P.117C4
- Tower Hill역에서 도보 5분
- 44-20-7403-3761
- 4월~9월 10:00~18:30
  10월~3월 9:30~18:00(마감 1
  시간 전까지 입장)
- 타워 브릿지와 박물관 연계표
  : 성인 £6, 학생 £4.5, 5~15
  세 £3, 60세 이상 £4.5, 5세
  이하 무료.
  입장권은 따로 구매할 수도 있다.
- www.towerbridge.org.uk
- 인터넷으로 예매 가능

런던의 대표적인 명물 중의 하나인 타워 브릿지(Tower Bridge)는 고딕양식의 외관으로 1894년에 완공되었다. 높이 40m, 넓이 60m의 철근구조로 되어 있어 커다란 배가 지나갈 때나 특별한 경우에 다리가 위로 올라가며 길을 열게 된다.

타워 브릿지 체험(Tower Bridge Experience)은 다리의 역사, 건축양식에 대해 배우고, 템즈강의 모습을 감상할 수 있는 가장 좋은 기회이다. 박물관에서는 타워 브릿지의 100년 동안의 변화를 사진으로 만들어 전시를 하기도 한다. 1976년 이전에는 증기를 이용한 동력으로 타워 브릿지를 올리고 내렸는데, 지금은 전기로 바뀌었다. 다

런던 대화재 기념비
The Monument

- P.117C3
- Tower Hill역에서 도보 15분
- 9:00~17:00
- 성인 £2, 어린이 £1.5

Christopher Wren이 디자인하여 세워진 기념비는 1666년의 런던 대화재를 기념하기 위한 것이다. 기념비의 높이는 61m인데, 이는 기념비가 세워진 곳과 화재 발생지인 푸딩 레인(Pudding Lane)간의 거리와 같다. 1666년 9월 푸딩 레인의 한 빵집에서 시작된 불은 3일 동안

시청
City Hall

- P.117C4
- London Bridge역에서 도보 10분
- The Queen's Walk, London SE1 2AA
- 44-20-7983-4100
- 월요일~금요일 8:00~20:00

(비정기적으로 주말에 비공개구역을 공개한다. 날짜와 시간은 인터넷 참조)
- 무료
- www.london.gov.uk

밀레니엄 브릿지를 설계한 Norman Foster의 또 다른 작품인 시청은 10층 높이의 건물로 유리로 둘러쳐진 공 모양의 번데기처

리가 올라가는 시간에는 런던 타워 브릿지의 장관을 볼 수 있는데, 보통 하루 한 번 이루어지지만 시간이 일정하지 않으므로 미리 확인해 봐야 한다.

계속되었고 87개의 성당, 44개의 회사, 1만 3천여 호의 주택 등 시의 4/5를 태웠다. 런던은 이를 계기로 재건되었고 지금의 현대적인 모습을 갖추게 되었다. 이 기념비는 세계에서 가장 높은 돌기둥으로 331개의 계단을 올라가야 런던시의 모습을 조망할 수 있는 표를 살 수 있다. 기념비에서 푸딩 레인으로 가다보면 최초 화재 발생지인 빵집의 표시를 볼 수 있다.

럼 생겼다. 현대적인 디자인이 맞은편에 있는 런던탑과 크게 대비된다. 유리로 된 외관은 '투명하고 민주적인 절차'를 상징하고 시민에게 가까이 가려는 모습을 강조하기 위해 시청사의 1층 중앙 홀, 옥상과 주위의 녹지를 모두 시민들에게 개방하였다. 옥상은 '런던의 거실'이라고도 불리는데 이는 시정부가 시민들을 가족과 같이 생각하는 마음을 보여주고 있다. 시정사의 잔디밭이나 '런던의 거실'인 옥상에서 런던 타워 브릿지를 보는 것도 장관이다.

시청사는 환경보호를 위해 특별히 설계되어 같은 크기의 건물과 비교해 1/4정도의 에너지를 소비한다. 건물 내부에는 어떤 냉방장치도 없이 오직 지하수를 이용하여 건물을 차게 하고 있다. 냉각에 사용된 물은 화장실용으로 재사용하고 있으며 컴퓨터와 전등에서 나오는 열기도 순환해서 사용하고 있다.

시청사 앞에 있는 강변도로를 따라 서쪽으로 가면 Hay's Galleria가 나온다. 식당, 의류매장, 사무실이 모여 있는 복합상가로 점심 때 특히 붐빈다. Hay's Galleria는 원래 배가 드나들던 곳으로, 인도와 중국에서 온 차 상인들이 이곳에 모였다고 한다.

디자인 박물관
Design Museum

 P.117D4

 London Bridge역에서 도보 15분

 Shad Thames, London SE1 2YD

 44-87-0909-9009

 10:00~17:45,
 17:15에 입장 마감

 12월25일~26일

 성인 £7, 학생 £4, 12세 이하
 무료

 템즈강 남쪽에 위치하고 있는 디자인 박물관(Design Museum)은 순백색의 육면체 건물로 멀리서 보면 예쁜 각설탕 같다. 심플하지만 감각적인 외관은 디자인 박물관의 실험정신을 알게해준다. 1층 서점에는 독창적인 디자인의 제품들을 판매하는데 가격이 비싼 편이지만 재미있고 흥미로운 것들이 많다. 흰색으로 칠한 계단에 올라서면 디자인의 이상과 태도에 대한 유명 디자이너들의 가르침이 생생하게 울리는 듯하다.

 2층에는 1960년대부터 지금까지 건축업에 발생한 변화와 역사적 사건, 각종 건축스케치, 사료, 독창적인 발상들을 배치하여 이곳을 찾는 사람들에게 영감을 주고 있다. 마치 오락실처럼 대담한 일러스트와 색을 사용해 곳곳에 뜻밖의 즐거움이 있으며, 3층에는 의자의 변천사를 특별히 전시하고 있다. 여기에는 유명 의자 디자이너 Philippe Starck의 의자도 있다.

 디자인이나 건축을 전공하는 사람혹은 관심 있는 사람이라면 디자인 박물관을 꼭 방문해보자. 이곳에서는 매년 정기적으로 그 해의 디자이너를 뽑는 행사를 하고 있어 런던 시민들의 커다란 관심을 받고 있다.

셰익스피어 글로브 극장
Shakespeare's Globe Theatre

 P.116B4

 Blackfriars역에서 도보 5분

 21 New Globe Walk, Bankside

 44-20-7902-1400
 예매 전용44-20-7401-9919

 전화예매 10:00~18:00
 10월 1일~5월 5일 10:00~17:00
 5월 6일~10월 2일 12:30~17:00

 12월 24일~26일

 좌석마다 다름.
 성인 £5~31, 우대표 £12~28
 유람 :
 성인 £9, 60세 이상과 학생 £7.5, 5~15세 £6.5, 가족표(최대 성인 2명, 어린이 3인) £25

 www.shakespearesglobe.org

 17세기 셰익스피어의 많은 작품들이 글로브 극장에서 공연되었으나 1613년 '헨리 8세' 공연 때 화재로 없어지고 400년 후 원래의 극장 자리에 새로운 셰익스피어 글로브 극장이 지어졌다. 극장설계, 건축방식, 자재운영 등 원래의 극장과 비

숯하게 복원하기위해 노력했으며 벽돌 기와와 목재를 주로 사용하여 예전의 모습을 되살렸다.

이곳에서 공연되는 세익스피어 연극은 엘리자베스 1세 당시의 분위기를 가지고 있다. 무대장치는 매우 단순하고 무대조명 대신 자연광을 사용하였다. 또 관객석과의 사이에 막이 없어 관객과 연극이 하나가 되도록 하는 당시의 극장풍경과 상당히 비슷하다.

세익스피어 글로브 극장의 건설에 큰 공을 세운 미국의 연극인 Sam Wanamaker는 1949년 런던을 방문했을 때 글로브 극장에 남아있던 청동비를 보고 글로브 극장을 재건하겠다고 결심했다고 한디. 그의 노력으로 극장 중건은 국제적 관심을 얻었고 마침내 지금의 새로운 극장이 탄생하게 되었다. 세익스피어 글로브 극장의 공연은 야외에서 진행되기 때문에 5월~9월 사이에만 연극을 공연한다. 평상시에는 글로브 극장의 역사적 배경을 소개한 극장 박물관을 관람할 수 있고 전문가의 인솔 하에 글로브 극장도 참관할 수 있다.

테이트 모던 갤러리
Tate Modern

- P.116B4
- Mansion House역에서 도보 5분, Southwark역에서 이정표를 따라 도보 8분
- Bankside, SE1 9TG
- 44-20-7887-8888
- 일요일~목요일 10:00~18:00, 금요일~토요일 10:00~22:00
- 12월 24일~26일
- 무료(특별전시회 유료)
- www.tate.org.uk

테이트 브리튼 갤러리의 전시회 규모를 확장하기 위해 사우스워크 지구에 테이트 모던 갤러리(Tate Modern)가 탄생하였다. 이 미술관의 전신은 폐기된 화력 발전소로, Gilbert Scott이 건축한 것이다.

테이트 모던 갤러리는 2000년 5월 정식으로 개방되었으며 신관은 Jacques Herzog & Pierre de Meuron에 의해 중건되었다. 이들은 일본의 합기도 정신에서 영감을 얻어 힘으로써 대항하는 것이 아니라 힘이 목적을 달성할 수 있도록 하였다. 예를 들어 예전의 굴뚝을 보존하고 새로 설계한 건물의 위쪽에 가로로 빛을 주어 십자 모양을 만든 것이다.

입구에는 대형 거미 조형을 볼 수 있는데 이것은 터빈 홀의 통로를 위해 설치한 것이다. 거미집처럼 건축을 하자는 의미로, 그 안으로 들어가는 모든 사람은 사냥감이 되는 셈이다. 건축가들은 일부

밀레니엄 브릿지
Millennium Bridge

- P.116B4
- Mansion House역에서 도보 5분
- Bsnkside, Queen Victoria Street, Southwark SW1

템즈강에서 밀레니엄 브릿지(Millennium Bridge)의 옆모습을 보면 칼날처럼 보이기도 하고 용수철이 물 위에 늘어나 있는 것처럼 보이기도 한다. 시티 지구의 세인트 폴 대성당과 사우스워크 지구의 테이트 모던 갤러리를 연결하는 밀

러 터빈 홀의 입구에 비탈을 만들었는데 비탈을 따라 홀의 밑으로 내려가면 갑자기 시야가 탁 트이게 된다. 이 안에는 예술가들이 만든 'Head to Head'와 Auguste Rodin이만든 프랑스 소설가 Balzac의 두 상 등이 전시되고 있다. 항상 있는 전시 외에 20세기의 현대예술 특별전으로 유명하며 많은 예술가들에게 다양한 프로그램과 작업실을 제공한다.

레니엄 브릿지는 2000년 6월 정식으로 개통된 다리로 런던 최초의 보행 전용 다리이다. 밀레니엄 브릿지의 건축을 담당했던 Norman Foster는 이 다리를 '과학기술의 첨단을 걷는 작품'이라고 격찬했으나 과학기술의 첨단을 걷는 나머지 많은 문제점들이 발생하여 후에 보강공사가 실시되었다. 밀레니엄 브릿지는 개통된 지 3일 만에 교량 본체가 흔들려 다리를 폐쇄하고 1년 여 동안 보수공사를 거친 끝에 2002년 2월 다시 개방되었다.

밀레니엄 브릿지는 총 길이가 320m이고 Y자 모양의 본체가 다리를 지탱하고 있다. 그 어느 방향에서 보아도 세인트 폴 대성당과 테이트 모던 갤러리의 경관을 가리지 않기 위해 끊임없이 노력한 결과, 밀레니엄 브릿지와 다른 강가의 건물들이 자연스럽게 어우러진 수평선을 이루고 있다.

다리의 건설과정과 강풍문제로 많은 어려움이 있었지만 밀레니엄 브릿지의 건설은 런던 시민들의 열렬한 지지를 받아 성공할 수 있었다. 그리고 다리를 오가는 사람들을 위한 교량설계사는 풍부한 연구자료로 남게 되었다.

브라마 커피 & 티 박물관
The Bramah Museum of Tea & Coffee

P.116B4

J선·N선 London Bridge역

40 Southwark Street, London SE1 1UN

44-20-7403-5650

매일 10:00~18:00

12월 24일~25일

어른 £4, 우대권 £3.5, 가족표(최대 성인 2명, 어린이 4명 이상) £10

브라마 커피 & 티 박물관은 차와 커피를 전시하는 박물관으로 세계에서 가장 큰 찻주전자와 금빛 찬란한 도금 주전자를 볼 수 있다. 동그란 모양, 네모난 모양, 기차 또는 집처럼 생긴 주전자, 화려한 것, 우아한 것, 소박한 것, 등 종류가 다양하여 천천히 감상해볼 만하다.

박물관의 부설 찻집에서 은은한 클래식을 들으며 차향을 음미하거나 진한 커피를 한 잔 마시면 런던의 정취를 한층 더 느낄 수 있다. 타워 브릿지 지역을 다니다가 피곤해지면 이곳에 와서 차 한 잔을 마셔보자.

사우스워크 대성당
Southwark Cathedral

P.116B4

N선 London Bridge역

London Bridge, SE1 9DA

44-20-7367-6700

월요일~금요일 7:30~18:00, 토요일~일요일·국경일 8:30~18:00

무료, 자유롭게 헌금할 수 있음

7세기에 세워진 성당으로 세월이 지나면서 현재 남아있는 가장 오래된 유적은 12세기로 거슬러 올라간다. 1905년에 영국 국교 성당이 된 사우스워크 대성당(Southwark Cathedral)은 성당 안의 고딕식 성가대석과 빅토리아식 설계가 최대의 특징으로, 중세 성당의 특징을 가지고 있다.

미국 하버드 대학의 창립자 John Harvard는 1607년에 사우스워크 지구에서 태어나 이곳 사우스워크 대성당에서 세례를 받았다. 현재 성당 안에는 그의 이름을 딴 세례당이 마련되어 있다.

명소

브릭 레인

Brick Lane

🔺 P.117D2

🔵 Liverpool Street역에서 도보 10분

브릭 레인(Brick Lane)은 방글라데시 이민자들의 본거지로 이곳의 도로 표지는 영어와 방글라데시어로 되어있다. 식당 안에서 거리로 풍기는 카레향과 인도나 남아시아 혼혈인들이 이국적이다.

브릭 레인의 건물들은 대부분 18세기에 지어진 것이다. 방글라데시인들뿐만 아니라 유럽의 다른 나라, 아시아 각 지역에서 이민온 사람들은 모두 이곳에 머물렀다. 지금은 식당, 향료가게, 의류매장 등이 있어 상업적으로 매우 번영한 곳으로, 주말이면 많은 사람들이거리에서 먹고 마시는 모습을 흔하게 볼 수 있다.

브릭 레인을 중심으로 사방으로 뻗은 길에는 특색 있는 작은 가게들이 늘어서 있다. 주로 프리랜서 디자이너나 예술학교 학생의 가게가 많다. 이 지역은 런던의 신흥 예술지역으로 초기 뉴욕의 소호 같은 퇴폐적인 분위기가 만연하면서도 활력이 넘쳐난다.

브릭 레인에서 가장 번화한 Black Eagle Brewery는 예전에는 양조장이었는데 지금은 식당과 중고의류매장으로 바뀌었다. 이색적인 분장을 한 젊은이들, 예술학교의 학생들, 패셔너블한 중년층의 사람들이 노천 카페에서 술을 마시며 한가롭게 대화를 즐기는 모습은 이곳에서 꼭 보게 되는 광경이다.

쇼핑

루드
rude

 P.117C2

 Livepool Street역에서 도보 10분

 14, Hanbury St. London E1 6QR

 44-20-7247-3000

 주문 티셔츠 £35(가게에 주문하는 경우 바로 가져갈 수도 있다), 배송료-국내 £4, 국제-인터넷 조회 후

어떻게 하면 한정된 예산으로 맞춤 의상을 만들어 자신의 개성을 드러낼 수 있을까? 루드(rude)에 가면 해결된다. 6년 전 Abi Williams와 몇 명의 친구는 인터넷으로 옷을 주문판매하는 사업을 시작했다. 'Let's make T-shirt'는 rude의 슬로건이자 사이트 주소이기도 하다. 먼저 자신이 좋아하는 도안을 선택하고 티셔츠 옷감의 색을 결정하여 주문하면 5일 이내(국내 배송)에 피자박스에 포장된 티셔츠를 받을 수 있어 빠르고 편리하다.

 rude는 제작이 빠른 것으로 유명해져 2004년 2월에는 이스트엔드 지구의 핸버리 스트리트에 정식으로 가게를 열었다. 현재 rude에서는 런던의 이층버스, 선풍기 등 구체적인 도안에서부터 입술, 가위, 쪽지 등 추상적인 도안까지 약 293종의 창의적인 도안을 갖추고 있다.

 현재 rude의 디자인부서에는 직물 디자이너, 촬영기사, 음악가 등 서로 다른 분야의 전문가들이 있다. 그들은 티셔츠 주문제작 외에 남녀 의류 'Kruel summer'를 개발하여 브랜드 이미지 북을 제작하기도 하였다.

윙크
wink

- P.117D2
- Livepool Stree t역에서 도보 10분
- 20, Hanbury St. London E1 6QR
- 일본 디자이너 Yoko Brown 디자인의 가방(£20)과 모자(£30), Zakee Shariff 브랜드 Maggie(상의 £55~85, 외투 £60), 덴마크의 Helle Mardahl(상의 £77, 티셔츠 £45)
- 12:00~19:00

런던에 가게를 내는 것은 어렵지 않다. 어려운 것은 어떻게 해야 세계 최정상의 모던도시에서 누구보다 뛰어나느냐 하는 것이다. 그런 의미에서 보면 윙크(wink)

는 여사장 Willy의 실력을 끊임없이 증명해주고 있다. 일본 여행잡지 『mapple』에 보도된 적이 있는 wink는 사실 그다지 큰 규모는 아니다. Willy는 잉글랜드 지역에서 물건을 공수해오는데 wink만의 특별한 재단으로 인기가 좋다.

Willy는 20~40세의 여성이면 누구나 좋아할만한 물건을 고른다. 인도 디자이너 Ashish가 만든 의류 시리즈는 단연 돋보인다. 카드 도안을 이용한 면이나 얇은 망사 등의 여러 재질에 변화를 준 상의, 원피스, 치마 등은 독창성과 완숙미에 있어서 어느 누구에게도 뒤지지 않는다.

wink의 지하실에는 중고 레코드를 파는 Nudges가 있다. Wink와 Nudges의 두 사장은 친구사이로 층을 나누어 가게를 열었다. Nudges에서는 soul music과 레게장르의 중고 레코드와 CD를 주로 취급하며 고객이 원하는 것이면 어느 것이든 찾아준다.

퍼블릭 비웨어
Public Beware

P.117D2

Livepool Street역에서 도보 15분, 브릭 레인에서 Black Eagle Brewery를 돌아 노천카페를 지나 앞으로 가면 나온다.

Unit7, 91 Brick Lane, London E1 6QN

44-20-7053-2185

티셔츠와 상의 £25~45, 치마 £35, 신발 £45~50

퍼블릭 비웨어(Public Beware)에 가면 일본풍의 영국스타일 제품을 구할 수 있다. 가게의 규모는 큰 편으로 1.5층의 가게를 계단으로 나누고 아래층은 의류, 위층은 신발을 주로 판매한다. 검정색 망으로 교묘하게 공간을 분리하여 반투시적인 효과를 내고 있다.

Public Beware의 옷들은 동양과 서양의 스타일이 결합되어 심플하면서도 평범한 스타일이다. 하지만 단순한 티셔츠라도 소매부분을 독특하게 디자인하거나 도안을 찍고 색을 칠해서 도트무늬의 치마, 산뜻한 색의 구두와 함께 입으면 코디네이터가 연출한 것 같은 패션효과를 누릴 수 있다.

영국 여성들이 좋아하는 밝은 색의 레이어드룩은 복고적인 요소가 가미되어 인기가 좋다. 여기에 어울리는 액세서리와 신발을 맞추

로킷
Rokit

P.117D2

Livepool Street역에서 도보 15분, Black Eagle Brewery의 뒤를 지나면 보인다.

101, Brick Lane, London E1 6SE

44-20-7375-3864

월요일~금요일 11:00~19:00, 토요일~일요일 10:00~19:00

고 망사치마, 레깅스를 이용해 레이어드룩을 연출하는 것이 Public Beware의 스타일이다. 런던의 패션 잡지 「gusty girl」에도 실린 바 있다.

브릭 레인 북쪽에 있는 로킷(Rokit)은 중고의류 전문매장과 독특한 재봉 전문매장(101호와 107호) 등 두 개의 매장을 가지고 있다. 규모는 크지 않지만 다양한 종류의 제품이 구비되어 있다. 티셔츠(£9~18)는 이곳의 독창적인 진열을 거쳐 사람들의 애장품이 된다.

Rokit이 아니라면 어디 가서 이렇게 많은 상품들을 볼 수 있을까? 계산대 옆에는 복고풍의 부츠가 부채꼴로 진열되어 있고, 다양한 디자인의 조끼(£12)와 치마, 멋진 가죽옷과 외투(밀리터리 스타일:£40)가 하나하나 진열되어 있어 쇼핑하는 사람들의 눈길을 끈다. Rokit에서 쇼핑하며 파격적인 스타일에 도전해보는 것도 재미있을 것이다. Rokit의 두 매장 중에서

the laden showroom(www.laden.co.uk)은 중고 의류 매장으로 런던의 코디네이터나 창작업무를 하는 사람들이 보물을 찾으러 오는 곳이다. 우리도 이스트엔드 지구의 히피 스타일에 도전해보는 것은 어떨까?

133

페티코트 레인
Petticoat Lane

페티코트 레인(Petticoat Lane)은 일찍이 16세기에 번창했던 의류시장으로 지금도 매주 일요일 아침에 시장이 열리며 오랫동안 런던 하층민들에게 사랑을 받고 있다.

1665년 흑사병이 유행하기 전 시티 지구는 귀족들의 호화주택이 모여 있던 곳이었지만 흑사병이 발생하자 귀족들은 유럽 대륙으로 이주를 하였고 지금은 여러 인종의 사람들이 모여드는 지역으로 바뀌었다. 유태인, 서인도의 음식과 생활용품이 가득하며 다양한 중고 의류 매장과 노점 등이 이곳에 활기를 불어넣고 있다. 이곳을 보면 평범한 런던사람들의 생활 모습도 느낄 수 있다.

스피탈필드 마켓
Spitalfield Market

주말이 되면 시티 지구는 조용해져 이스트엔드 지구와 인접한 곳이라고 믿겨지지 않는데, 그 많은 인파들은 아마도 스피탈필드 마켓(Spitalfield Market)으로 모이는 것 같다.

시장은 대형 공장의 오래된 천막 건물로, 주위의 벽엔 예술가들의 창작품들이 있어 Spitalfield Market의 예술적 배경을 이야기 해준다.

많은 독립창작자들은 자신이 디자인한 의류, 회화 작품, 조명장식, 수공예품들을 가지고 나와 판매를 하고 있어 시장 안의 사진촬영은 금지된다. 중고 의류와 골동품을 파는 노점이 많으므로 저렴한 쇼핑을 하고 싶다면 꼭 한 번 들러보자.

🍴 식당

세인트 존 브레드 & 와인
St. John Bread & Wine

- P.117C2
- Livepool Street역에서 도보 10분
- 94-96 Commericial Street, London E1 6LZ
- 44-20-7247-8924
- 월요일~금요일 9:00~23:00, 토요일 10:00~22:00 일요일 10:00~18:00
- www.stjohnbreadandwine.com

St. John은 평판이 좋고 거만하지 않으며 사업수완이 뛰어나고 복잡한 요리는 팔지 않는다. 이스트엔드에 위치한 이곳은 현지인에게도 인기 있는 영국식 식당이다. 이곳에서 직접 만든 포도주는 와인을 즐기는 프랑스 토박이들도 최고라고 평하여 식당이름을 대담하게 'Bread and Wine' 이라고 붙였다.

St. John에서 제공하는 음식은 하얀 외관처럼 단순하다. 메뉴는 아침과 점심 두 가지로 나뉘고 올리브(£2), 빵과 크림(£1) 등 요리에 곁들이는 것들이 당당하게 메인 메뉴의 위치에 놓인다.

St. John은 그 이름에 걸맞게 빵과 와인을 제공한다. 직접 구운 빵은 주방 앞의 비에 놓여 있지만 수량이 제한되어 있다. Salt Ling £6.8, Chicken Liver Toast £6.2, Brawn £6.4 등의 요리가 오히려 빵에 곁들여지는 보조 메뉴가 된다.

St. John에 익숙한 손님들은 이 가게의 빵이 맛있다는 것을 알기 때문에 St. John에서 담근 샤르도네(Chardonnay) 백포도주를 곁들여 빵의 맛을 보는데, 이렇게 먹어야 비로소 제대로 먹는 것이라고 말한다.

H 숙박

그레이트 이스턴 호텔
Great Eastern Hotel

- P.117C2
- 40 Liverpool Street, London EC2M 7QN
- 44-20-7618-5000
- Aurora
  점심 월요일~금요일 12:00~14:45
  저녁 월요일~금요일 18:45~22:00
- 객실 £225~495(주말에 할인됨)
  Aurora 에피타이저 £7.5부터,
  메인요리 £16.5부터, 프랑스
  식 코스요리 Degustation(7가
  지) 1인당 £50(주류 포함£70)
  19세기로 거슬러 올라가 이 호텔
  의 기원을 살펴보면 Great Eastern

Hotel은 당시 잉글랜드의 Great Eastern Railway Company가 기차 승객들을 위해 세운 빅토리아식 호텔이다. 빨간 벽돌 벽의 입면과 완벽한 비례를 이루는 창문은 사람들에게 강한 인상을 주었으며 내부에는 사치스러워 보이는 대리석으로 만든 나선형 계단이 설치되어 있다. 100년 이상의 역사를 지녔기 때문에 시설들이 많이 낙후되어 사용하지 못할 정도였고, 시대에 맞지 않았기 때문에 외관과 일부 특색 있는 건물을 제외한 대부분의 공간이 다시 설계되었다. 그래서 Great Eastern엔 같은 모양의 객실을 찾을 수가 없는데 아래층으로 갈수록 객실의 크기가 커진다는 점이 특이하다. 이것은 아래층의 객실은 예전의 넓고 높은 객실을 그대로 남겨놓고 그 위에 5~6층을 새로 덧붙였기 때문이다. 이는 호텔 객실은 위로 올라갈수록 고급스

세인트 폴 유스호스텔
YHA St Pauls

- P.116A3
- 36 Carter Lane, London EC4V 5AB
- 44-87-0770-5764
- 1인당 £25.5
- www.yha.org.uk

세인트 크리스토퍼스 빌리지
St. Chistopher's Village

- P.116B4
- 161-165 Borough Hogh Street, Southwark, London SE1 1HR
- 44-20-7407-1856
- 도미토리 £11~19
  2인실 £24부터, 아침식사 포함
- www.st-christophers.co.uk

럽다는 전통적인 관념을 뒤집는 것
이다.

　가장 대표적인 Urban Plan Suite
엔 커다란 붉은 십자가가 그려진
욕실바닥과 붉은 십자가를 입체
적으로 만든 벽걸이 보관함이 있
다. 원래는 잉글랜드의 상징인 붉
은 십자가에서 힌트를 얻은 것이나
Great Easten의 백색·남색의 모자
이크 무늬의 타일바닥이 돋보여 병
원 표시를 상상하게 된다. 객실은
빨간 색과 남색을 사용하였고 둘러
보다 보면 Philippe Starck의 투명
의자가 욕실 구석에 있다.

　중앙 홀에 들어서면 마치 바의 접
대실에 온 것 같다. 호텔 인포메이션
뒷면에 분홍색 전구로 'you make
my heart go boom boom' 이라고
쓰여 있는 것을 누가 상상이나 하겠
는가? 현대적이고 심플한 스타일의
동쪽에서 세심한 이정표를 따라 하
려한 서쪽으로 가면 시공을 조월한

것처럼 놀라울 것이다.

　호텔에는 총 5개의 식당이 있
다. 예전의 철도 이용승객을 위
한 회의실, 카페, 흡연실 등을 객
실로 사용할 수 없어 식당으로 만
든 것이다. 시내에서 유명한 프랑
스 식당 Aurora와 해산물 요리의
Fishmarket은 정식 코스요리에 뛰
어나고, 전통적인 영국식 레스토랑
인 George, 모든 요리에 후식을 제
공하는 Terminus는 샐러리맨들이
즐겨 찾는 곳이다. 미니바 miyabi는
최근 런던에서 유행하는 일식 회전
초밥 열풍을 디고 힝상 손님늘로
가득하다.

디 오리엔트 에스프레소
The Orient Espresso

- P.116B4
- 59/61 Borough Hogh Street,
  Southwark, London, Uited
  Kingdom, SE1 1NE
- 44-20-7407-6266
- 도미토리 £11~19
  2인실 £24부터, 아침포함

로더히드 유스호스텔
Rotherhithe Youth Hostel

- 20 Salter Road, London SE16
  5PR
- 44-87-1770-6010
- 1인당 £20
- www.yha.org.uk

CALAMITY JANE
ROCK

그리니치

Greenwich

그리니치
Greenwich

그리니치는 오랜 역사와 지방의 정취를 지닌 곳으로 런던 템즈강의 동쪽 관문이다. 런던에서 동쪽으로 약 10km 거리의 템즈강변에 위치한 '그리니치'는 '푸른 촌락'이라는 뜻을 가지고 있다. 헨리 8세의 행궁이 이곳에 있었고 지금은 세계 표준시간의 지정 장소로 유명하다. 다양한 매력의 그리니치는 항해, 천문, 왕실, 시장 등 여러 풍취가 있고 전 세계적으로 주목받는 그리니치 밀레니엄 돔이 있어 런던에 와서 절대 지나쳐서는 안 될 곳이다.

교통정보

◎ **경전철** : 도클랜드 경전철(Docklanes Light Railway)을 타고 커티 사크 가든(Cutty Sark Garden)역에서 하차한다.

◎ **지하철** : 주빌리 라인(Jubilee)을 타고 새로 개통된 그리니치를 지나 Stratford의 지선까지 갈 수 있다.

◎ **기차** : 차링 크로스(Charing Cross), 워털루(Waterloo), 런던 브릿지(London Bridge) 기차역에서 약 30분 간격으로 그리니치로 가는 통근열차를 운행한다. 15분이 소요되며 두 구역에서 사용 가능한 트래블 카드를 사용하는 것이 좋다.

◎ **배** : 웨스트민스터(Westminster), 차링 크로스(Charing Cross), 타워 부두(Tower Pier)에서 카페리를 타고 그리니치 부두까지 갈 수 있다. 제일 먼 곳인 웨스트민스터부두에서 약 55분 소요, 여름엔 항편이 더 많다.

◉ 명소

커티 사크호
The Cutty Sark

- P.140A1
- 그리니치 부두
- 2 Greenwich Church Street Greenwich SE1 9BG
- 44-20-8858-2698
- 일요일~화요일 11:00~17:00
- 무료
- www.cuttysark.org.uk

19세기에 커티 사크호(The Cutty Sark)에 대해 모르는 사람은 없었다. 당시에는 차를 실은 많은 배들이 대서양과 태평양을 오갔는데 커티 사크호는 유일하게 지금도 남아 있는 배이다. 커티 사크호는 1885년부터 1895년 까지 오스트레일리아와 영국을 오가면서 양모를 운송하며 효율이 높은 항해속도로 명성을 얻었다. 커티 사크호 옆에 있는 작은 배 'Gypsy Moth Ⅳ'는 Francis Chichester가 266일 동안 세계를 단독 항해한 소형 배로, 아직 개방되지 않았으므로 밖에서 그 모습을 상상만 할 뿐이다.

그리니치 파크
Greenwich Park

- P.140B2

그리니치 파크(Greenwich Park)는 구 왕립 천문대. 해사박물관, 그리니치 부두를 포함한다. 'Maritime Greenwich'를 주제로 1997년 UNESCO 세계문화유산으로 지정되었으니 들러 보는 것이 좋다. 그리니치 파크는 넓고 주변에는 중요한 명소들이 있으므로 천천히 구경해보자.

영국 해사박물관
National Maritime Museum

- P.140B1
- Greenwich SE10 9NF
- 44-20-8858-4422
- 10:00~17:00, 16:30까지 입장. 7월 1일~9월 3일 18:00까지 개방
- 12월 24일~26일
- 무료
- www.nmm.ac.uk

　영국　해사박물관(National Maritime Museum)은 세계에서 가장 규모가 큰 해사박물관으로 16개의 전시실을 갖추고 있다. 현대적이며 참신하게 설계된 3층 건물은 관람객이 편안하게 관람할 수 있는 환경을 제공하고 있으며 영국항해사와 기술에 대한 상세한 기록을 전시하고 있다.

　해사박물관과 연결되어 있는 퀸즈 하우스(Queen's House)는 Ingio Jones가 설계하고 1637년 완공된 후 찰리 1세와 마리아 왕비가 살던 곳이다. 마리아 왕비가 이 저택을 매우 좋아하여 퀸즈 하우스라고 불리게 되었는데 이곳에서는 특이하게 만들어진 튤립 계단이 아주 볼만하다.

구 왕립 천문대
Old Royal Observatory

- P.140B2
- 44-20-8312-8575
- 10:00~17:00, 16:30까지 입장. 7월 1일~9월 3일 18:00까지 개방.
- 12월 24일~26일
- 무료
- www.nmm.ac.uk/astronomy

　그리니치가 사람들에게 알려지게 된 가장 큰 이유는 우리에게 익숙한 '그리니치 표준시간' 때문이다.

1884년 미국 워싱턴에서 열린 국제 자오선 회의에서 지구를 동서로 양분하는 자오선을 지정한 이후, 경도 0도가 지나는 그리니치 천문대에서 그리니치를 기준으로 세계 표준시간대를 정하게 되었다.

　현재 영국 왕립 천문대는 캠브리지에 있어 그리니치 천문대는 구 왕립 천문대라고 불린다. Christopher Wren이 설계한 구 왕립 천문대(Old Royal Observatory)는 그리니치 파크의 작은 언덕 위에 서있는데, 이 천문대의 양파 모양의 지붕 아래에는 영국 최대의 천문 망원경이 있다. 다른 한쪽의 플램스티드 하우스(Flamsteed House)는 영국 제일의 왕립 천문학자 Flamsteed가 연구하던 곳으로, 매일 오후 1시면 지붕의 붉은 공이 막대기에서 떨어져 템즈강을 항해하는 선박에 시간을 알려 주었다고 한다.

　천문대 중앙 정원에 있는 동선은 바로 자오선을 나타낸다. 천문대 안에는 각종 천문측량기구가 전시되고 있다.

명소

쇼핑

밀레니엄 돔
The Millennium Dome

- P.140A1
- Drawdock Road, SE10 OBB
- J선 North Greenwich역
  페리 : Waterloo와 Blackfair부두에서 30분마다 밀레니엄 돔으로 출발한다. 그리니치 부두에서는 15분마다 출발한다.
- 일요일~목요일 9:00~20:00, 금요일~토요일 9:00~13:00
- 12월 24일~26일
- 성인 £20, 5~15세 £16.5
- www.millennium-dome.com

2000년 새해에 성대하게 문을 연 밀레니엄 돔(The Millennium dome)은 지름 320m, 높이 50m로 세계에서 가장 큰 돔이자 7억 6천만 파운드의 자금이 들어간 세계에서 가장 비싼 돔이다.

밀레니엄 돔 안에는 20여 개의 각종 오락시설이 있고 돔의 중앙 무대에는 편안한 카페가 있는데, 하루 종일 끊임없이 공연이 열려 돔에서 가장 생기가 넘친다. 유쾌한 사랑 이야기를 표현한 아름다운 밀레니엄 쇼는 특수 시각 기술과 하늘을 나는 무희가 등장하여 밀레니엄 돔에서 가장 인기 있는 공연 중의 하나이다. 무대 전체의 면적은 런던의 트라팔가 스퀘어(Trafalgar Square)와 비슷하여 오락적인 긴장감과 효과를 더해주고 있다.

쇼핑

그리니치 마켓
Greenwich Market

- P.140A1
- J선 North Greenwich역
- College Approach, Greenwich Church St. 와 Nelson Rd.로 둘러싸여 이 세 길을 통해 진입 가능하다.
- 금요일~일요일 9:30~17:30

그리니치 마켓(Greenwich Market)에서는 채색유리컵, 촛대, 미니 모형집, 가죽제품, 장신구 등의 수공예품을 많이 볼 수 있다. 시장 주변에 늘어선 작은 가게에서는 개성있는 옷과 가방 등을 팔고 있

는데 특히 아마소재의 셔츠와 정장, 풀을 엮어 만든 가방 등은 최고의 인기 품목이나.

그리니치에는 규모가 작은 두 개의 시장이 있는데 기차역에서 나와 그리니치 하이 로드(Greenwich High Road)를 끼고 가다보면 그리니치 주말 시장을 볼 수 있다. 이곳은 중고품과 작은 골동품들로 가득 차 있다. 계속해서 앞쪽으로 가면 시골 시장이 있는데 이곳에서 가장 독특한 것은 골동가구와 동양의 신비를 간직한 장신구들이다.

143

Suburb
런던 교외

146 캠브리지
152 옥스포드
158 윈저

캠브리지

Cambridge

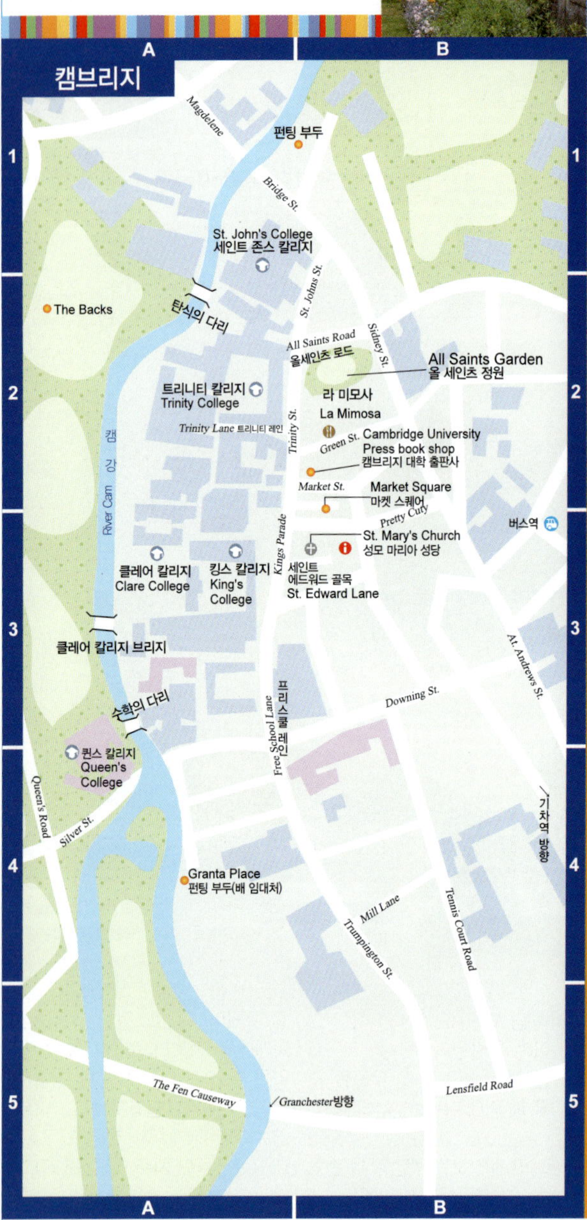

캠브리지는 원래 캠강 소택지 옆의 작은 시장이었다. 수백 년 동안 캠브리지에 학교들이 세워지면서 곳곳에서 우수한 학생들이 몰려들었고, 캠브리지는 영국 최고의 대학 도시로서 세상에 알려지게 되었다. 지금의 캠브리지는 캠브리지 대학으로도 유명하다.
버드나무가 늘어선 강가에는 산들바람이 불어오고, 캠강에 유유히 떠있는 뱃머리 위로 따스한 햇살이 쏟아진다. 곳곳에 서있는 대학 건물과 각기 다른 분위기의 다리는 이따금씩 물결을 따라 흔들린다. 캠브리지는 오늘도 조용히 보이지 않는 열정을 가지고 미래를 향해 노력하고 있다.

교통정보

런던에서 캠브리지까지 기차나 버스를 타고 갈 수 있다.

◎ **기차** : 킹스 크로스(King's Cross)역에서 출발하여 1시간 정도 걸린다. 첫차는 오전 5:45에 있고 평균 한 시간에 3번 출발한다. 15분과 45분에 출발하는 기차가 빠른 편이나 일요일엔 45분에 출발하는 기차가 없고 당일 왕복표 요금은 £17.70이다.

◎ **버스** : 빅토리아 버스역에서 매일 8:30〜23:30에 한 시간 간격(저녁 10시 제외)으로 출발한다. 돌아올 때는 저녁 7시를 제외하고 매 시간마다 한 번 출발한다. 2시간 정도 소요되며 당일 왕복표 요금은 £8.50이다. 기차를 탈 경우 캠브리지역에 도착한 후 기차역 밖에 있는 버스정거장에서 1, 3번 버스를 타고 엠마뉴엘 스트리트(Emmanuel Street)까지 가야 시내로 갈 수 있다. 버스 요금은 편도가 £1, 왕복이 £1.80이다. 시내에서는 도보로 유람할 수 있다.

명소

펀팅
Punting

◬ P.146A4

🏠 Granta Boatyard, Newnham Road, Cambridge CB3 9EX

☎ 44-12-2330-1845

🕘 9:00〜해질 때까지(그 외에는 10시부터 가능)
4월〜9월 제외

💲 1인당 £8〜12, 5·6인 이상 되어야 출발한다. 45분에서 1시간 정도 소요. 직접 운전할 경우 배 임대료는 £12부터

🌐 www.puntingincambridge.com

캠브리지에 오면 캠강에서 펀팅을 하자. 시간, 체력, 흥미가 충분하다면 세인트 존스 칼리지(St. John's College)에서 강을 따라 올라가는 것이 비교적 안전하다. 캠강 상류에는 그랜트체스터(Grantchester)라는 오래된 작은 마을이 있는데, 이곳에는 과수원이 딸린 소박한 찻집이 있어 자신이 정한 과일나무 아래에서 차를 마시며 자유롭게 과일을 딸 수 있다. 1897년에 지어진 찻집은 위대한 철학자 루소, 비트겐슈타인, 경제학자 케인즈 등 위대한 문인들이 자주 찾던 곳이라고 한다.

캠브리지 대학
Cambridge University

캠브리지 대학과 옥스포드 대학의 조정경기는 영국 내에서 항상 흥미진진한 이야깃거리이다. 영국 명문 대학간의 경쟁은 그 자체에 자유가 녹아있다. 캠브리지 대학의 전신은 1209년 옥스포드 대학에서 일어난 폭동으로 거슬러 올라간다. 이때 3명의 학생이 처형되었고 몇몇 학자들이 캠브리지로 피신을 오면서 영국 두 번째 대학의 발판을 조성했다. 당시 국왕인 헨리 3세의 비호 아래 1233년에 정식으로 학술 조직이 형성되었고 1286년에는 캠브리지 대학의 첫 번째 칼리지인 피터칼리지(Peterhouse)가 세워졌다.

캠브리지 대학은 800년의 역사 속에서 60명 이상의 노벨상 수상자를 배출하였다. 특히 과학과 공업 분야는 캠브리지가 가장 자랑하는 학문이다. 캠브리지 대학에는 현재 31개의 칼리지가 있는데 3개의 칼리지에서 여학생만 받는 것을 제외하고 나머지 칼리지에서는 남녀 모두 받고 있다.

캠브리지 대학의 각 칼리지는 대외개방을 하고 있지만 유료 관람을 해야 하며 학생과 교직원들이 불편하지 않도록 관람자들은 칼리지의 관람노선에 따라 움직여야 한다.

킹스 칼리지
King's College

- P.146A3
- Cambridge, CB2 1ST
- 44-12-2333-1000
- 학기 중 :
  월요일~금요일 9:30~15:30,
  토요일 9:30~15:15
  일요일 13:15~14:15
  학기 외 :
  월요일~토요일 9:30~16:30,
  일요일 10:00~17:00.
  학기는 대개 4월 중순~6월 중순, 6월 말~7월 초, 10월 초~12월 초
- 예배당 £4.50
  할인권과 학생 65세 이상 노인 £3 12세 이하 어린이(어른과 동행 시) 무료 ; 음성가이드 £2
- www.kings.cam.ac.uk

킹스 칼리지(King's College)는 캠브리지 대학에서 가장 유명한 칼리지로 헨리 6세의 전폭적인 지지를 받아 1441년에 지어졌다. 칼리지의 잔디 중앙에는 헨리 6세의 청동 기념상이 있고 입구에는 19세기 고딕풍의 웅장한 정문이 있다. 칼리지 내에 있는 킹스 칼리지 예배당(King's College Chapel)은 캠브리지의 대표적인 건축물로 중세 말기 영국 건축의 표본이다. 성당은 헨리 6세의 명령으로 1446년부터 짓기 시작하여 80년 만에 완공되었

다. 킹스 칼리지 성가대가 매년 크리스마스 때 여는 미사음악회는 세계적으로도 유명한 음악회 중의 하나이다.

트리니티 칼리지
Trinity College

 P.146A2
 Cambridge, CB2 1TQ
 44-12-2333-8400
 10:00~17:00
 무료
 www.trin.cam.ac.uk

트리니티 칼리지(Trinity College)가 지금까지 배출한 학생 중에는 20명 이상의 노벨상 수상자와 6명의 영국 수상, 수학자 겸 자연 철학자인 뉴턴, 유명한 철학자이자 문학가인 베이컨, 찰스왕세자를 포함한 많은 왕실 귀족들이 있다. 현재 트리니티 성당 밖에는 만유인력의 법칙을 발견한 뉴턴을 기념하기 위해 그의 고향에서 가져온 사과나무가 심어져 있다.

트리니티 칼리지는 캠브리지 대학 최대의 칼리지로 기숙사 정원이 매우 넓다. 정문의 중앙정원 오른쪽에 있는 트리니티 성당안에는 뉴턴과 베이컨 등 학교가 배출한 위인들의 동상과 명부가 있다.

세인트 존스 칼리지
St. John's College

 P.146A1
 Cambridg CBZ 1TP
 44-12-2333-8600
 성인 £2.5, 12세~17세 £1.5
 www.joh.cam.ac.uk

세인트 존스 칼리지(St. John's college)는 캠브리지 대학에서 두 번째로 큰 칼리지고 1511년, 원래의 세인트 의대 자리에 세워졌다. 당시 대주교는 세인트 존스 칼리지를 캠브리지 대학의 첫 번째 칼리지로 세우려 했으나 수도사들의 반대로 중지되었고, 1511년 4월 9일에서야 비로소 완공되었다. 세인트 존스 칼리지를 따라가는 관람 노선은 정문, 앞뜰, 성당, 중앙정원을 지나 캠 강가까지 이어진다. 세인트 존스 칼리지에는 캠강을 가로지르는 두 개의 다리가 있는데 바로 렌의 다리와 탄식의 다리이다.

성모 마리아 성당
St. Mary's Church

 P.146B3

 Cambridge, C82 3PQ

 44-12-2374-1716

 요일마다 개방 시간이 다르니 미리 알아보고 방문한다.

 성당 : 무료

 탑 : 성인 £2, 어린이 £1

캠브리지 시내에 있으며 킹스 칼리지 정문 맞은편에 위치한 성모 마리아 성당(St. Mary's Church)은 사람들의 시선을 끌기에 충분하다. 내부 설계도 훌륭하지만 정작 인기가 있는 곳은 탑의 종루로 종루에서는 킹스 칼리지와 시내 전체를 굽어볼 수 있다.

쇼핑

캠브리지 대학 출판사
Cambridge University Press Book Shop

 P.146B2

 The Edinburgh Building, Shaftesbury Road, Cambridge, CB2 8RU

 44-12-2331-2393

 www.cup.cam.ac.uk

캠브리지에 오는 많은 관광객들이 잊지않고 들르는 곳이 바로 캠브리지 대학 출판사이다. 이곳에서는 엘리트들의 교과서 뿐만 아니라 그들이 어떤 책을 읽는지도 볼 수 있다. 전문 분야의 서적을 찾는다면 직원들이 친절하게 도와줄 것이다. 서점에선 항상 특별판매를 하고 있으니 꼭 방문해보자.

라 미모사
La Mimosa

- P.146B2
- 4 Rose Cresent
- 44-12-2336-2525

라 미모사(La Mimosa)는 스페인어와 이탈리아어의 조합으로 '아름다운 아가씨와 꽃'이라는 뜻이다. 거울로 장식된 지하 식당에는 스페인 댄스뮤직이 흐르고 야외에서도 식사가 가능하다.

이곳의 음식은 상당히 맛있다. 각종 샐러드의 가격은 £5이고 에피타이저 · 메인요리에 커피를 포함한 세트메뉴가 £8정도이다. 저녁이면 라이브 음악연주나 라틴댄스 교습이 있어 매우 인기가 좋다.

캠브리지 유스호스텔
YHA Cambridge

- 97 Tenison Road, Cambridge, Cambridgeshire CB1 2DN
- 44-87-0770-5742
- 1인당 £17.5
- www.yha.org.uk

게이트 로지
The Gate Lodge

- 2 Hinton Road, Fulbourn, Cambridge, CB21 5DZ
- 44-12-2388-1951
- 1인실 £45~55, 2인실 £65~80
- www.thegatelodge.co.uk

핀치스 B&B
Finches B&B

- 144 Thornton Road Girton Cambridge Cambridgeshire CB3 0ND
- 44-12-2327-6653
- 1인실 £50, 2인실 £60
- www.finches-bnb.com

옥스포드

Oxford

학술의 분위기가 짙은 옥스포드에는 영국 제일의 대학인 옥스포드 대학이 있다. 1km²가 채 안 되는 이 좁은 땅에서 무수히 많은 철학자, 시인, 과학자들이 배출되었다. 옥스포드의 거리를 걷다 보면 칼리지가 눈앞에 빽빽하게 들어서 있어 약간의 긴장감이 돌기도 한다. 옥스포드에서 세계무대로 나간 유명 인사들을 떠올리다 보면 어느새 머릿속이 꽉 차고 만다. 옥스포드의 빛나는 역사는 지금도 끊임없이 반복되고 있다.

옥스포드는 지금의 모습에 안주하지 않고 세월의 연륜을 바탕으로 끊임없이 도약하고 있다. 옥스포드의 칼리지들은 각기 다른 건축 특색을 가지고 있어 천천히 걷다 보면 앨리스가 뛰어놀던 모습이 눈앞에 그려지는 듯하다. 옥스포드 대학은 우리가 알고 있는 동화 속 이야기에 더 많은 상상의 공간을 보태준다.

교통정보

◎ **기차 :** 런던 패딩턴(Paddington)역에서 Thames Trains를 타면 1시간 정도 소요된다. 통근열차가 한시간에 2~3번 운행되고 왕복표 가격은 £29.80이다.

◎ **버스 :** 버스는 배차가 많기 때문에 옥스포드에 가는 가장 좋은 방법이다. Oxford Tube는 12분마다 한 대씩 있으며 런던의 빅토리아 기차역 부근의 그로스베너 가든스(Grosvenor Gardens)나 지하철 마블 아치(Marble Atch), 노팅힐 게이트(Notting Hill Gate)의 근처에서 타면 된다. 당일이나 격일 왕복표 가격은 똑같이 £10이고 버스에 탄 후 사면 된다. Citylink X90는 20분 간격으로 운행하며 요금은 £10이다. 빅토리아 버스역(Victoria Coach Station)에서 승차하면 약 1시간 40분 정도 걸린다. 옥스포드 기차역은 옥스포드의 서쪽에 있다. 기차역에서 나와 보틀리 로드(Botley Rd.)와 파크 엔드 스트리트(Park End St.)를 끼고 가면 시내로 갈 수 있다. 버스 정거장과 여행자 서비스센터는 글로스터(Gloucester)에 위치하며 시내 서북쪽인 글로스터 스트리트(Gloucester St.)에서 브로드 스트리트(Broad St.)와 콘마켓 스트리트(Cornmarket St.)가 만나는 곳이 옥스포드에서 가장 번화한 거리이다.

명소

이상한 나라의 앨리스

잃어버린 토끼와 카드 군대를 기억하는가? 동화 '이상한 나라의 앨리스'는 바로 옥스포드를 배경으로 하고 있다. 이야기 속의 주인공 앨리스는 실존 인물로, 옥스포드 크라이스트처치 칼리지와 깊은 인연이 있다.

'이상한 나라의 앨리스'의 작가의 본명은 Charles Lutwidge dogson으로 Lewis Carroll은 필명이다. 그는 크라이스트처치 칼리지에서 공부했고 졸업 후에는 모교에서 수학을 가르쳤다. 여가시간에는 칼리지의 원장 Liddell의 자녀들과 함께 여러 가지 신기한 놀이를 발명하여 두터운 우정을 쌓았다. 특히 둘째 딸 앨리스에게 재미있는 이야기를 많이 해주었는데, '이상한 나라의 앨리스'는 그중 대중에게 가장 잘 알려진 이야기이다.

캐롤의 또 다른 작품인 '거울나라의 앨리스'도 옥스포드 대학이 배경이다.

보들리언 도서관의 레드클리프 카메라 분관
Bodleian Library

P.153B2

Broad Street Oxford OX1 3BG

44-18-6527-7216

월요일~금요일 9:00~17:00

www.bodley.ox.ac.uk

보들리언 도서관(Bodleian Library)의 레드클리프 카메라(Radcliffe Camera) 분관은 옥스포드의 중요한 명물이며 원형의 돔이 여행객의 발길을 멈추게 한다. 보들리언 도서관은 옥스포드에서 가장 권위 있는 도서관으로 옥스포드의 모든 출판물은 출판과 동시에 이 도서관에 보관된다. 현재 600만 여 권의 책이 보관 중이며 레드클리프 카메라 분관에도 그 일부가 보관되어 있는데 옥스포드 대학의 학생들도 들어가서 볼 수 없다.

옥스포드 대학
Oxford University

 www.ox.ac.uk

　옥스포드 대학은 800년 이상의 세월을 지나며 수많은 인재들을 배출하였으나 옥스포드 대학이 처음 생길 당시에는 그렇지 못했다. 1167년 잉글랜드와 프랑스 사이에 전쟁이 벌어져 파리 대학의 학자 몇 명이 옥스포드로 이주한 이후 학자들이 모여들어 12세기 말에는 어느 정도 규모를 갖추게 되었다. 13세기 중후반기에는 각 칼리지들이 생겨나면서 옥스포드 대학의 찬란한 역사가 시작되었다.

　옥스포드 대학에는 여러 칼리지가 있으며 각 칼리지에 독립적인 교육기구가 있어 학생수업과 생활을 지도한다. 현재 36개의 칼리지에 1만 4천여 명의 학생이 있다.

크라이스트처치 칼리지
Christ Church College

 P.153B2

 Oxford, OX1 1OP

 44-18-6527-6181

 월요일~토요일 9:00~17:00 일요일 13:00~17:00 16:30까지 입장

 성인£4.9, 5~17세와 60세 이상 £3.9. 가족표 £9.8(성당이나 화랑의 사정에 따라 가격 변동 가능)

 www.chch.ox.ac.uk

　1525년 세워진 크라이스트처치 칼리지(Chirst Chuch College)는 옥스포드 대학에서 가장 큰 칼리지로 내전 당시 찰리 1세가 임시 수도로 사용하기도 했다. 200년 동안 16명의 영국 수상을 배출한 사실은 크라이스트처치 칼리지 최고의 자랑이다.

　크라이스트처치 칼리지의 관람 포인트는 고색창연한 회랑과 대성당이다. 회랑의 역사는 15세기로 거슬러 올라간다. 크라이스트처치 성당은 잉글랜드에서 가장 작은 성당이지만 건물 자체와 내부 설계는 자세히 볼만하다. 특히 제단 옆에 있는 St. Catherine's Window의 채색 유리창은 '이상한 나라의 앨리스'에 나오는 앨리스의 언니 에디

를 성인으로 묘사한 것으로 관광객들의 눈길을 끌기에 충분하다.

머튼 칼리지
Merton College

- P.153B2
- Merton Street Oxford OX1 4JD
- 44-18-6527-6310
- 월요일~금요일 14:00~16:00, 토요일~일요일 10:00~16:00
- 무료
- www.merton.ox.ac.uk

1264년 세워진 머튼 칼리지(Merton College)는 옥스포드 대학의 첫 번째 칼리지로 중세 시대 과학 연구 영역에서 명성이 높다. 특히 기계, 기하, 물리 등에서 이룬 성과가 상당히 뛰어나다. 옥스포드에서 가장 오래된 칼리지 건물은 1378년에 건축된 잉글랜드에서 가장 오래된 도서관으로, 역시 머튼 칼리지에 자리 잡고 있다.

뉴 칼리지
New College

- P.153B1
- Holywell Street, Oxford OX1 3BN
- 44-18-6527-9555
- 부활절~10월초 11:00~17:00, 겨울철 14:00~16:00
- 여름철 £2, 겨울철 무료
- www.new.ox.ac.uk

1348년 흑사병으로 많은 사람들이 죽었는데 그 중에는 다수의 교직원들도 포함되어 있어 수업을 계속 진행할 수가 없었다. 영국 공립교육의 아버지라 불리는 윌리엄은 옥스포드에 뉴 칼리지(New College)를 세우고 수도사들에게

흑사병으로 죽은 교수들을 대신해서 가르치도록 했다.

와드햄 칼리지
Wadham College

- P.153B1
- Parks Road, Oxford OX1 3PN
- 44-18-6527-7900
- 학기 중 13:00~16:15, 학기 외 10:30~11:45, 13:00~16:15
- 무료
- www.wadham.ox.ac.uk

와드햄 칼리지(Wadham College)의 성공은 Wadham 부부의 노력으로 이루어진 것이다. 특히 Wadham 부인은 남편이 사망한 후에도 와드햄 칼리지 사업에 최선을 다했다. 심지어 그녀의 고향에서 건축사를 초청해 칼리지를 설계하도록 하였는데, 와드햄 칼리지 성당의 채색유리도 그가 설계한 것 중 하나이다.

코퍼스 크리스티 칼리지
Corpus Christi College

- P.153B2
- Merton Street, Oxford, OX1 4JP
- 44-18-6527-6737
- www.ccc.ox.ac.uk

코퍼스 크리스티 칼리지(Corpus Christi College)에는 여행객의 시선을 끄는 곳이 두 군데 있다. 먼저 칼리지 중앙 정원에 있는 해시계 기둥으로, 17세기에 이곳에 세워져 옥스포드 과학의 발전을 증명하고 있다.

해시계를 관람한 후 칼리지 뒤쪽으로 가면 크라이스트처치 칼리지의 넓게 펼쳐진 잔디밭을 볼 수 있는데, 이곳이 바로 이상한 나라의 앨리스의 배경이라고 한다.

카팩스 타워
Carfax Tower

- P.153A2
- Cornmarket St.와 Queen St. 교차로
- 4월~9월 10:00~17:00
  10월 10:00~16:00
  11월~3월 10:00~15:00
- 성인, 학생 £1.9, 어린이 £1.0

옥스포드 건축의 아름다운 풍경을 보려면 카팩스 타워(Carfax Tower)의 99개 계단을 올라가야 한다. 카팩스 타워는 옥스포드 세인트 마틴 성당에서 유일하게 남은 유적이다. 세인트 마틴 성당의 역사는 11세기로 거슬러 올라가는데 몇 세기 동안 옥스포드의 종교 중심지였으며 영국 왕실의 엘리자베스 1세 등이 직접 이곳으로 와서 종교의식을 거행했었다.

19세기에 들어오면서 성당은 건물 구조의 안전과 도로확장공사 등의 이유로 점점 사라지고, 1896년 카팩스 타워만이 성당의 유일한 증거물로 남게 되었다. 72피트, 99개의 계단이 있는 카팩스 타워를 오르면 옥스포드의 각 칼리지의 건물들을 굽어볼 수 있고, 종루를 관람하는 중에는 카팩스 타워에서 15분마다 울리는 종소리를 들을 수 있다.

옥스포드 도보 유람
여행자 서비스센터에서 출발

- 15–16 Broad Street, Oxford, Ox1 3AS
- 매일 11:00와 14:00에 출발(대학과 시티 투어)
- 44–18–6572–6871
- 일반 일정 £6.5, 16세 이하 £3
- www.oxfordcity.co.uk/info/tours
- 한 번에 19명으로 제한

옥스포드는 옥스포드 대학을 중심으로 한 대학 도시이다. 여기에는 각기 다른 역사적 배경을 가진 칼리지들이 포함된다. 관광객들은 여행자센터에서 조직한 도보유람에 참가할 수 있는데, 일부 특정 지역은 도보유람 참가자들에게만 개방하고 자세한 설명을 해준다.

쇼핑

블랙웰즈 서점
Blackwell's Bookstore
- P.153B1
- 48-5 Broad St., 트리니티 칼리지 옆
- 44-18-6579-2792
- 월요일~토요일 9:00~18:00, 일요일 11:00~17:00

보유 도서가 2만 권이 넘는 블랙웰즈 서점(Blackwell's Bookstore)은 옥스포드를 방문하는 여행객들이 많이 들르는 관광명소 중의 하나이다. 이곳은 인재들이 모인 옥스포드 지식보고의 총체라고 할 수 있으며 이 서점을 구경하는 것만으로도 옥스포드의 학술적인 분위기에 푹 빠져볼 수 있다.

명소

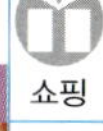
쇼핑

숙박

앨리스 샵
Alice's Shop

- P.153A2
- 83 St. Aldates Oxford OX1 1RA
- 44-18-6572-3793
- 11:00~17:00, 여름철 18:00까지
- 休 12월25일~26일
- www.sheepshop.com

크라이스트처치 칼리지 맞은편에 있는 앨리스 샵(Alice's Shop)은 건물 자체만 500년 정도 되었다. Alice's Shop은 Lewis Carroll의 작품인 '거울나라의 앨리스'에서 주인공 앨리스가 항상 보던 사탕가게로 등장한다. 이야기 속에서는 양이 운영하는 가게로, 여러 가지 신기한 물건을 가득 팔고 있지만 앨리스가 만지자 공중을 떠다닌다. 호기심 많은 앨리스와 가게 주인은 배를 타고 찾아 나서는데 결과는 어떻게 되었을까? 이곳에 와서 직접 확인해보자.

숙박

센츠럴 백패커스
Central Backpackers
- P.153A2
- 13 Park End Street, Oxford, OX1 1HH
- 44-18-6524-2288
- 도미토리 £14~18
- www.centralbackpackers.co.uk

옥스포드 유스호스텔
YHA Oxford
- 2a Botley Road, Oxford, Oxfordshire, OX2 0AB
- 44-87-0770-5970
- 1인당 £20.95
- www.yha.org.uk

옥스포드 백패커스 호스텔
Oxford Backpackers Hostel
- P.153A1
- 9A Hythe Bridge Street Oxford OX1 2EW
- 44-18-6572-1761
- 도미토리 £12~14
- www.hostels.co.uk

윈저

Windsor

여왕이 사는 윈저 성, 왕자가 다녔던 이튼 칼리지, 어린 아이들의 낙원인 레고 랜드가 아니더라도, 윈저는 녹음이 우거진 강가와 오래된 건물이 줄지어 있는 거리 그 자체로 빛을 발산한다. 윈저는 의심의 여지가 없는 영국 최고의 전통적인 소도시이다. 영국 국왕 에드워드 8세가 사랑 때문에 왕관을 버리고 윈저의 공작이 되어 아내와 함께 이곳에서 살았다는 이야기는 윈저의 명성에 로맨틱함을 더해준다. 윈저를 돌아다니다 보면 위엄 있는 여왕이나 잘생긴 왕자를 만날 수 있는 것은 아니지만 소박한 옛 건물, 푸르른 가로수, 구불구불한 강변이 견고한 성과 함께 어울려 마치 왕실의 귀빈이 된 것 같은 느낌을 갖게 해준다.

교통정보

◎ **기차** : 패딩턴(Paddington)기차역에서 출발, 옥스포드행 기차를 타고 슬라우(Slough)에서 내려 Windsor and Eton Center로 가는 기차로 갈아탄다. 30분 간격으로 운행하며 총 30~40분 정도 소요된다. 당일 왕복표 가격은 £6.50이다. 워털루(Waterloo)기차역에서 타면 Windsor and Eton Riverside Station으로 바로 간다. 50분 정도 걸리고 매시 30분에 출발하며 당일 왕복표 가격이 £11.30이다.

◎ **버스** : 빅토리아 터미널 뒤쪽의 Eceleston에서 Green Line버스 700번이나 702번을 탄다. 보통 1시간 30분마다 한 번 출발하며 버스요금은 £5.50이다.

시내의 레고 랜드를 제외하고 다른 명소들은 정거장 부근에 모여 있어 걸어가면 된다.

◉ 명소

이튼 칼리지

Eton College

🧭 P.159B1

🚩 윈저 성에서 Windsor & Eton Bridge를 지나 High Street를 끼고 걸어서 10분. High Street에는 작은 화랑, 고예술품과 수공예품 가게들이 많으니 천천히 구경하면 좋다.

🕐 3월 말~10월 말 개방

7월~8월과 3월 말~4월 중 10:30~16:30 그 외 기간 14:00~16:30. 가이드코스는 14:15과 15:15에 있음.

💲 성인 £4, 어린이 £3.2 ; 가이드코스 성인 £5, 8세 이상 어린이 £4.2, 8세 이하 무료

🌐 www.etoncollege.com

윈저에 오면 템즈강을 가로질러 맞은편에 있는 이튼 칼리지(Eton College)의 풍모를 보는 것도 괜찮다. 이튼 칼리지의 학생들은 영국 귀족의 후손으로 윌리엄과 해리 왕자도 이곳에서 공부했다.

1440년 세워진 이튼 칼리지에는

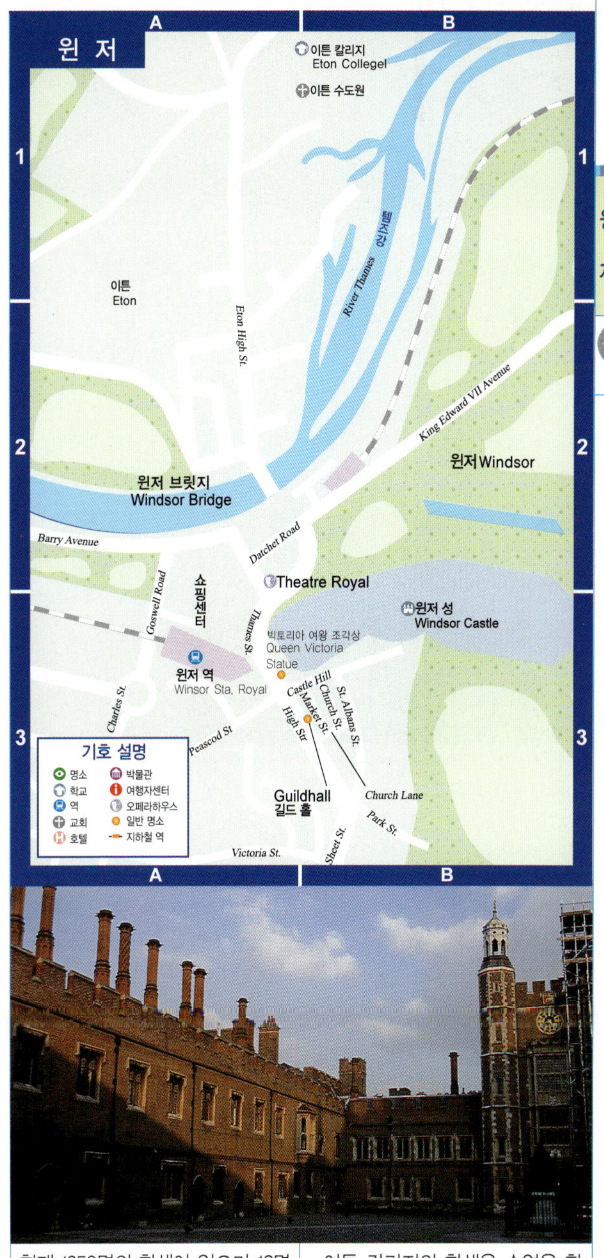

현재 1250명의 학생이 있으며 18명
의 영국 수상이 이곳을 졸업했다.
이튼 칼리지는 전통적으로 여학생
을 받지 않으나 영국 여왕은 예외적
으로 이튼 칼리지의 명예학생이다.

이튼 칼리지의 학생은 수업을 할
때도 전통적인 제복을 입으며 길거
리에서 선생님을 만나면 여전히 깍
듯이 경례를 한다.

윈저 성
Windsor Castle

- P.159B3
- 기차역에서 도보 10분
- 44-20-7766-7304
- 3월~10월 9:45~17:15
  11월~2월 9:45~16:15
  폐관 1시간 15분 전 입장 마감.
  May Day Bank Holiday·
  Spring Bank Holiday·August
  Bank Holiday 등 휴일은 무료
  입장.
  윈저성의 위병 교대식도 유명
  하다. 11:00시에 거행하며 4월
  ~6월은 월요일~토요일, 그 외
  기간에는 격일로 거행되며 일요
  일은 제외된다.
- 12월 25일~26일 인터넷 조회 요망.
- 성인 £13.5, 17세 이하 £7.5
  ; 가족표 (성인 2명, 어린이 2
  명) £34.5. 스테이트 아파트먼
  츠(State Apartments)를 개방

하지 않을 경우 성인 £7, 17세
이하 £4. 가족표 (성인 2명,
어린이 2명) £18.
- www.royal.gov.uk/output/
  Page557.asp

버킹엄 궁전을 제외하고 윈저 성
은 영국 왕실의 생활을 구경하기에
가장 좋은 곳이다. 런던 탑에 얽힌
왕실의 애증사가 훨씬 극적이긴 하
지만 지금도 여왕은 이곳에서 주말
을 보내고 있어 윈저 성은 여전히
호화롭고 장엄한 가운데 귀족적인
기품이 서려있다.

윈저 성은 1066년 정복자 윌리엄
이 지은 것으로 높은 곳에서 내려
다 볼 수 있고 런던 탑과 그다지 멀
리 떨어져 있지 않다. 성의 넓은 동
산을 포함해 총 면적은 4,800에이
커이며, 900여 년 동안 이어져온,
세계에서 사람이 거주하는 가장 큰
성 중의 하나이다. 이렇게 역사가
깊은 윈저 성은 진귀한 보물들을

남겼다.

2002년 엘리자베스 여왕의 즉위 50주년을 기념하여 주빌리 화원(The Jubilee Garden)을 설계하였는데 왕족들은 지금도 이곳에서 휴가를 보내거나 중요한 연회를 거행하고 있기 때문에 성을 관람할 때에는 반드시 관람노선에 따라야 한다.

스테이트 아파트먼츠
State Apartments

스테이트 아파트먼츠(State Apartments)는 성의 중심부로, 방마다 다빈치, 미켈란젤로 등의 작품을 포함해서 왕실이 소유한 진귀한 예술품이 많이 보관되어 있으며 왕실의 중요한 의식이나 연회가 거행되는 곳이다. 1992년 화재로 100여 개의 방이 불에 탔으나 다행히 보수기간에 보물들을 모두 다른 곳으로 이전시켜서 큰 피해는 없었다. 만약 윈저 성에서 가장 화려한 the Semi-State Rooms를 개방하는 기간에 이곳에 온다면 장식이 가장 화려한 조지 4세의 침실은 꼭 관람해보자.

메리 여왕의 인형의 집
Queen Mary's Doll's House

스테이트 아파트먼츠 옆에 있는 메리 여왕의 인형의 집(Queen Mary's Doll's House)은 메리 왕비가 인형을 모아놓은 곳이다. 모든 인형을 1:12의 비율로 만들었는데 매우 정교하여 명성이 자자하다. 그래서 관람객들이 항상 장사진을 이룬다.

라운드 타워
Round Tower

성의 중간 부분에서 가장 눈에 띄는 건축은 바로 라운드 타워(Round Tower)이다. 장미꽃으로 둘러싸인 이곳은 정복자 윌리엄이 나무로 만든 것을 1170년 헨리 2세가 석재로 중건하여 지금의 모습이 되었다.

워털루 챔버
Waterloo Chamber

이곳은 나폴레옹과의 전쟁에서 승리한 것을 기념하기 위해 13세기에 만든 것으로 연회장으로 사용했다. 양쪽 벽에는 당시 전쟁에 참여했던 군인들의 초상화가 걸려있다.

세인트 조지 성당
St. George's Chapel

세인트 조지 성당(St. George's Chapel)은 윈저 성 건축의 전형으로 호화로운 15세기 고딕양식의 건물로 정교하면서 아름다운 채색유리가 유명하다. 헨리 8세를 포함해 10명의 영국 왕이 이곳에 잠들어 있으며 최근에 에드워드 왕자와 소피 왕자비의 결혼식이 이 성당에서 거행되었다.

- 윈저 기차역에서 연결버스를 타면 레고 랜드 안까지 직접 간다. 요금은 £1
- Winkfield Road, Windsor Berkshire
- 44–87–1222–2001
- 10:00~17:00
  7월 22일~8월 3일 10:00~19:00
- 1일권 성인 £36, 어린이 £26, 2일권 성인 £66, 어린이 £60
- www.legoland.co.uk

레고 랜드 윈저(LegoLand Windsor)는 영국에서 입장권이 비싼 테마공원 중 하나이다. 레고 랜드에서 가장 인기가 있는 것은 2천만개의 레고로 만든 미니어쳐 랜드로, 미니 런던, 세인트 폴 대성당, 런던탑, 빅벤 등은 마치 진짜 처럼 보인다. 어린이들이 좋아하는 공룡모형도 있다.

레고 랜드 윈저의 각종 오락시설들은 롤러코스터, 드롭형 놀이기구, 비행기 등 12세 이하의 어린이들이 하늘, 땅, 바다에서 할 수 있는 모험과 체험을 결합한 것이다. 또, 간단한 동화이야기, 서커스공연 등 다양한 공연 프로그램들은 관광객들에게 즐거운 추억을 만들어준다. 레고를 이용해 만든 각종 모형은 어린이들의 창의력 발휘와 학습에 상당히 효과적이다.

원저 역 쇼핑센터

Windsor Royal Station Shopping Center

P.159A3

월요일~토요일 10:00~18:00,
일요일 11:00~17:00

　원저 기차역은 어떨까? 우선 화려한 외관은 원저 특유의 고급스러운 분위기를 조성하고 밝고 넓은 실내는 쇼핑 욕구를 불러일으킨다. 기차역과 쇼핑센터가 연결된 이곳에는 투명한 쇼윈도 아래에 여러 가지 브랜드의 옷, 생활용품, 장신구 등이 진열되어 있다. 원저 기차역의 쇼핑센터 옆에는 킹 에드워드 쇼핑센터(King Edward Court Shopping Center)가 있고 피즈커드 스트리트(Peascod Street)까지 주변 거리에는 대중적인 상점들이 즐비하다.

원저 여행자센터

24 High Street Windsor

44-17-5374-3900

44-17-5374-3929

숙박전용선 44-17-5374-3907

www.windsor.gov.uk

　휴일이 없는 원저 여행자센터는 풍부한 여행 정보를 제공하며 원저 외에 영국의 다른 지방의 여행 자료도 제공하고 있다. 이곳에서 원저 성, 이튼 칼리지 등 관련 여행 정보를 얻을 수 있으며 숙박 예약도 할 수 있다.

런던 여행 정보

London Information

런던 기본 정보

- **지리적 위치** : 잉글랜드 남동부 템즈강 하구에서부터 약 60km 상류
- **면적** : 1,578㎢
- **인구** : 718만 7300명(1999)
- **언어** : 영국에서 사용되는 공식적인 언어 두 가지는 영어와 웰시(Welsh)이다. 영어가 좀 더 광범위하게 사용되며, 게일어(Scottish Gaelic) 또한 스코틀랜드의 일부 지역에서 사용되고 있다. 잉글랜드, 스코틀랜드, 웨일즈, 아일랜드의 민족들로 구성되어 있지만, 영국에서는 함께 어우러져 있는 다양한 인종의 문화를 만나볼 수 있다.
- **시차** : 영국은 우리나라보다 9시간이 빠르다. 섬머 타임제가 실시되는 3월~10월의 시차는 8시간이다.
- **기후** : 전형적인 서안 해양성의 기후로 여름에는 선선하고 겨울에는 따뜻하다. 연교차가 그리 크지 않으나 날씨가 변덕스럽고, 5월~8월초를 제외하고는 비교적 날씨가 쌀쌀하다. 겨울은 한국보다 춥지는 않지만 음산하고 비가 많이 내린다.
- **종교** : 대부분의 국민들은 크리스찬(71%, 그중 성공회 50%)이지만, 불교(Buddhism), 힌두교(Hinduism), 유대교(Judaism), 이슬람(Islam), 시크교(Sikhism) 등 다양한 종교들(religions)이 자유롭게 활동하고 있으며 23%의 영국인들은 특별한 종교를 가지고 있지 않다.
- **전압** : 240V, 50Hz. 3구의 네모난 플러그와 소켓을 사용한다.

화폐, 환율

- **화폐** : 영국의 화폐단위는 파운드(£)이다. 1파운드는 100펜스(Pence, P)와 같다. 지폐에는 £5, £10, £20, £50이고 권종별로 크기와 색깔이 다르다. 1펜스와 2펜스 동전은 고동색이고 5펜스, 10펜스, 20펜스, 50펜스 동전은 은색이며 1파운드짜리 동전은 금색이다.
여행 중에 스코틀랜드 은행(Bank of Scotland)에서 발행한 지폐나 1파운드짜리 지폐는 스코틀랜드 이외의 지역에서도 사용 가능하지만 일부 잉글랜드나 웨일즈의 상점에서는 받지 않는 경우도 있다. 이런

경우에는 은행에 가서 잉글랜드 지폐로 교환하면 된다.

• 환율 : 1 파운드(£)는 한화 약 1,910원 정도이다. 외화는 은행과 우체국, 호텔 등지에서, 그리고 국제 공항과 도시의 환전기에서 쉽게 환전할 수 있다.

전화

런던에서 공중전화는 매우 보편적이고 전화카드는 신문가판대, 담뱃가게에서 쉽게 살 수 있다. 일반적인 전화카드는 공중전화에 직접 넣고 금액이 나오면 번호를 누르면 된다. 국제전화를 거는 경우에는 비밀번호가 있는 선불카드로 하는 것이 좋다. 카드에 있는 전화번호로 전화를 해서 비밀번호를 누르면 연결하고자 하는 번호를 누를 수 있다. 카드는 £5, £10짜리가 있다.

영국의 전화는 두 가지가 있다. 농전식과 카드식인데 신용카드를 사용할 수 있는 카드식 전화기가 점점 많아지고 있다. 모든 전화부스에 자세히 사용법이 있으니 전화 걸 때 참고하면 된다.

국제전화는 20:00~08:00에 하는 것이 비교적 싼 편이고 금요일 밤에서 일요일 밤 사이가 가장 싼 시간대이다.

팁

식당의 팁은 보통 10~15%정도이다.

비자

영국은 우리나라와 무비자 협정을 맺은 국가로, 관광을 목적으로 할 경우 최대 6개월까지 무비자로 체류할 수 있다.

그 이상 체류하려면 비자를 발급받아야 하는데, 영국의 비자는 발급받기가 까다로운 편이다. 최근 영국 정부는 불법 이민을 단속하기 위해 무비자 기간을 6개월에서 3개월로 단축한다는 방침을 세웠으나 아직은 시행되지 않은 상태이므로 출국 준비 시 반드시 확인해야 한다.

입국 정보

영국 입국 심사시 충분한 체류 비용, 방문지(숙소), 체류 기간 중 영국(또는 유럽 국가)에서의 여행 계획, 한국으로의 귀국 일정(항공권 등) 등에 관한 서류를 제시해야 하나 이 때 입국 허가여부와 체류기간에 관한 사항은 입국 심사시 결정된다.

영국의 면세 범위는 궐련 400개피, 시가 100개피, 엽연초 500g까지이며, 향수 50g, 화장품 250cc, 주류는 2ℓ 까지이다.

그 밖에 영국통화로 £28까지의 물품은 면세이다.

히드로 공항에서 시내까지의 교통

런던에서 서쪽으로 25km 떨어진 히드로 공항은 가장 중요한 국제공

항으로 아래의 교통수단을 이용하
면 런던 시내까지 갈 수 있다.
- 히드로 Express : 5:02~23:47,
15분 간격으로 런던 패딩턴
(Paddington)정거장에서 출발한다.
출발 편도표 가격은 £13~21, 왕복
표 가격은 £25~42이다. 인터넷 예
매시 10% 할인이 가능하다.
- www.heathrowexpress.co.uk
- 지하철 : 보통 5~10분 간격으로
출발하고 40~50분 정도 소요
된다. 편도표 가격 £3.7.
- Airbus : 5:30~21:45, 30분마다
출발하고 1시간 40분 정도 소요
된다. 편도표 가격 £8, 안내전
화 44-20-8400-6655
- 택시 : 시내까지 약 £35~60,
입국 서비스 데스크
Terminal 1 : 44-20-8745-7487
Terminal 2 : 44-20-8745-5408
Terminal 3 : 44-20-8745-4655
Terminal 4 : 44-20-8745-7302

여권 발급 요령

출국을 하려면 누구
나 여권을 발급받아
야 한다. 여권에는 1
년의 유효기간 동안
1회의 해외여행이 가
능한 단수여권과 10
년의 유효기간 동안 횟수에 제한
없이 해외여행을 할 수 있는 복수
여권이 있다. 특별한 사유가 없는
여행자는 해외여행을 할 때마다
여권을 발급받을 필요 없이 복수
여권을 발급받는 것이 경제적이다.
2005년 9월 30일 이전에 발행된
구여권은 유효기간 동안 사용이 가
능하다. 신여권 제도로 바뀌면서
기존의 유효기간 연장 제도가 폐지
되었으므로 연장 가능한 구여권에
대해 신여권 발급 신청서를 작성하
면 5년 유효기간의 신여권을 발급
받을 수 있다.

여권 발급 구비서류
- 여권 발급 신청서
- 최근 3개월 이내에 찍은 여권사
진(3.5cm X 4.5cm)
- 주민등록등본 1부
- 주민등록증 또는 운전면허증
- 대리신청의 경우 본인의 위임장
과 주민등록증 및 그 사본과 대
리인의 주민등록증이 필요하다.
- 만 18세 미만의 경우 부모의 여
권발급동의서 및 동의인의 인감
증명서가 요하다.

여권 발급비용
- 복수여권 – 55,000원
- 단수여권 – 20,000원
- 구여권 ⇨ 신여권(5년) – 15,000원

여권 발급기관
- 서울 : 종로구청, 노원구청, 강서
구청, 영등포구청, 동대문구청,
강남구청, 송파구청.
- 지방 : 각 시청과 도청의 여권과

기차여행
런던에서 다른 지방으로 여행할
때는 기차를 타는 것이 가장 편리
하다. 영국의 주요 철로는 British
Rail Pass, British South East Pass,
British Scottish Freedom Pass 등
이 있다. British Rail Pass는 영국
전역에서 사용할 수 있다.
런던에서 파리를 오갈 경우
Eurostar를 이용할 수 있으며 3시
간 정도 걸린다.

런던 시내 교통
- 지하철 : 런던 지하철은 세계에
서 가장 오래된 것으로 가장 편
리한 교통수단이다.
- 버스 : 버스가 지하철보다 빠르
지는 않지만 런던을 유람하기엔
가장 좋은 교통수단이다. 이층버
스의 위층 맨 앞에 앉으면 런던
시내 풍경과 주요 명소를 볼 수
있다. 버스요금은 지하철과 같
으며 트래블 카드를 사면 버스
와 지하철을 동시에 탈 수 있다.

런던 여행자 서비스센터

- 여행자 서비스센터 : 런던 내 20여 군데에 여행자 서비스센터가 있으며 가장 대표적인 여행자센터의 연락처는 아래와 같다.
- Leicester Square에 위치
- 44-20-7437-4370
- www.londontown.com
  www.londoninformation.org

British Visitor Centre

- Piccadilly Circus지하철역
- 1 Regent Street
- 월요일~금요일 09:00~18:30
  토요일~일요일 10:00~16:00

영국 전역의 여행정보, 숙박 예약(유스호스텔은 예약서비스가 없다), 지도 판매, 연극표와 관련 서적 등의 서비스를 제공한다.

London Tourist Board

- 빅토리아 기차역(Victoria Station Forecourt)
- 44-83-912-3456
- 1 Regent Street
- 매일 08:00~19:00

런던과 영국 전체의 여행정보를 제공하며 일정과 숙박을 예약해준다.

우편

우체국의 업무시간은 지역마다 다르다. 일반적으로 월요일~금요일 09:00~17:00, 토요일 09:00~12:00.

그 밖의 필수 아이템

여행자보험

여행자보험이란 여행을 끝마치고 귀국할 때까지 생긴 사고에 대한 보상을 해주는 일회성 보험이다.

보험신청은 보험회사 화재부와 여행사를 통해 할 수 있으며, 공항의 여행보험 판매계에서 출국 직전에도 쉽게 할 수 있다. 보상금에 따라 보험금의 차이가 있지만 보통 2만원 가량의 보험금이 지출된다.

국제운전 면허증

해외여행을 위한 여권 소지자는 약간의 수수료와 간단한 절차를 통해 국제운전면허증을 국내에서 발급받을 수 있으며, 해외에서 사용할 수 있다.

- 발급장소 : 거주지 관할 운전면허 시험장
- 구비서류 : 운전면허증, 여권, 여권사진 2매
- 유효기간 : 1년

국제학생증

학생인 경우에는 국제학생증(International Student Identity Card)

을 발급받아 떠나는 것이 좋다. 국제학생증을 제시하면 박물관, 미술관, 극장, 레스토랑 등에서 여러 가지 할인혜택을 받을 수 있다. 한국에서 국제학생증을 발급받지 못했다면 현지에서 발급받을 수 있다. 국제학생증은 대부분의 국가에서 취급하기 때문에 발급받는 장소만 알고 있다면 오히려 우리나라보다 간편하게 즉석에서 받을 수도 있다.

- **발급장소** : ISEC 국제학생증 한국 본사나 서울 종각역 근처 대부분 여행사에서 발급가능
- **구비서류** : 재학증명서, 신분증, 여권사진 1매
- **발급비용** : 14,000원
- **소요시간** : 접수 후 2일 이내 발송

신용카드

해외여행을 갈 때에는 사용할 일이 없더라도 만약을 대비해 신용카드를 가져

가는 것이 좋다. 신용카드는 휴대가 간편하고 분실했을 경우 즉시 신고하면 보상받을 수 있다는 장점 뿐만 아니라 카드 종류에 따라 마일리지나 포인트 적립을 받아서 상품이나 현금으로 사용하는 등 여러 가지 혜택을 받을 수 있기 때문이다.

여행자수표 (T/C)

여행자수표는 현금 대신 사용할 수 있고 한도가 있으므로 사용 예산을 조절할 수 있다. 현지 은행에서 현금으로 교환 가능하며 환율이 현금보다 유리하다는 장점이 있다. 또한 분실/도난시 재발급을 받을 수 있어 안정성을 보장받을 수 있다. 하지만 모든 곳에서 사용할 수 있는 것은 아니며 발행회사의 환전소가 아닐 경우 수수료를 물게 된다는 단점도 있다. 발행회사는 AMEX와 VISA 두 곳이 있고 국민은행이나 외환은행에서 발급받을 수 있다. 여행자수표는 발급 즉시 서명하고 사용할 때 다시 서명해야 하며, 서명란 두 곳이 모두 서명되어 있으면 사용할 수 없다.

세금 환급시 주의 사항

£100~150 이상(합계 금액 가능) 쇼핑한 경우 수수료를 제외한 부가가치세 17.5%가 환불된다.

다만 서적, 어린이 옷, 생필품은 제외된다. 귀국 후 파운드 기준의 수표로 송금되거나, 신용 카드 사용시 카드사로부터 감산청구된다.

상점에서 용지를 받아 작성하고 출국시 수속을 하거나 공항에서 수하물을 체크인하기 전에 세관원에게 구입한 상품을 보여 주고

용지를 받아 작성하여 도장을 받아 세관 우체통에 넣는다.

주요기관 영업시간 및 휴무일

- 은행 : 09:30~16:00
- 우체국 : 09:00~18:00
- 식당 : 12:00~15:00, 18:00~11:30
- 상점 : 09:30 – 18:00
- 박물관 : 09:30 – 17:00

공휴일

- New Year's Day : 1월 1일
- Good Friday : 부활절 직전 금요일
- Easter Monday : 부활절 후 첫 월요일
- May Day Holiday : 5월 첫 월요일
- Spring Bank Holiday : 5월 마지막 월요일
- Summer Bank Holiday : 8월 마지막 월요일
- Christmas Day : 성탄절
- Boxing Day : 성탄절 다음날

한국공관 및 기타 연락처

- **대사관 연락처**
- 주소 : 60 Buckingham Gate, London SW1E 6AJ
- 전화번호 : (44-20)7227-5500/2
- Fax : (44-20)7227-5503

- E-mail : koreanembinuk@mofat. go.kr
- 홈페이지 주소 : http://www. mofat.go.kr/unitedkingdom/

대사관 근무시간은 09:30–17:30(점심시간 12:30–14:00)이며, 토요일, 영국 공휴일, 우리나라 4대 공휴일에는 당직 근무를 하고 있음.
영사과 근무시간은 10:00–12:00, 14:00–16:00

출입국시 유의사항

영국 정부는 최근 EU회원국 확대 등을 계기로 외국인들의 불법 입국 및 체류 방지를 위해 입국심사를 엄격하게 실시 해오고 있어, 한국인을 포함한 많은 외국인들이 공항에서 입국 거절을 당하는 사례가 발생하고 있다.
입국이 거부되는 상황을 미연에 방지하기 위해서는, 가능한 한 주한 영국대사관에서 사증을 미리 발급받아 영국을 방문하는 것이 안전하다.

런던 여행 Tip

영국은 우리나라와는 정반대로 자동차가 좌측으로 통행하므로 운전을 하거나 차도를 건널 때 유의해야 한다.

사이즈 조견표			
Korea	Italy	UK	US
44	36	6-8	0-2
55	38-40	8-10	4-6
66	42-44	12-14	8-10
77	46-48	16-18	12-14
88	50-52	20-22	16-18

신발 사이즈 조견표			
Korea	Italy	UK	US
230	36.5	4	6
235	37	4.5	6.5
240	38	5	7
245	38.5	5.5	7.5
250	39	6	8
255	39.5	6.5	8.5
260	40	7	9
265	40.5	7.5	9.5
270	41	8	10
275	41.5	8.5	11.5

출입국 카드 작성법

- 01 성
- 02 이름
- 03 생년월일
- 04 국적
- 05 영국 내 체류주소
- 06 서명
- 07 성별
- 08 출생지
- 09 직업

런던 출입국 신고서

LANDING CARD
Immigration Act 1971

아래 사항을 영어로 작성하여 주시기 바랍니다(대문자 사용)
Please complete clearly in BLOCK CAPITALS

- 01 성 Family name　HONG
- 02 이름 Forenames　KIL DONG
- 07 성별(남,여) Sex (M/F)　F
- 03 생년월일 Date of birth　Day 7 7 Month 0 2 Year 1 7
- 08 출생지 Place of birth　SEOUL
- 04 국적 Nationality　KOREA
- 09 직업 Occupation　DOCTOR
- 05 영국내 체류주소 Address in United Kingdom
- 06 서명 Signature　Hong

DTE　09　384

For official use／Reserve usage official／For use official

CAI □　IS □　CODE □　NAT □　POL □

여행자 수표

Q & A

Q : 여행자수표는 어디에 쓰면 좋나요?

A : 해외 여행 : 많은 관광지에는 소매치기가 횡행합니다. 여행자수표는 현금을 대신하는 것으로 지갑에 넣어놓은 채 신경 쓰지 않고 여행을 즐기실 수 있습니다. 또한 여행자수표를 사용하면 여행 경비를 조절할 수 있습니다. 신용카드와 달리 있는 만큼 쓰는 것이기 때문에 예산범위 내에서 사용가능합니다.

해외 출장 : 해외 전시회에 참가하거나 제품을 구입할 때, 대부분 현지에서 즉시 지불해야하는 경우가 많습니다. 계약금을 내거나, 샘플 구입비를 결제할 때, 혹은 예상치 못한 지출이 발생하거나, 카드를 받지 않는 경우에도 여행자수표는 적절하게 사용가능 합니다. 현지 은행에서 현금으로 교환할 수 있기 때문에 현금을 가지고 출국하는 것보다 안전합니다.

해외 유학 : 여행자수표는 학비, 생활비를 지불하는 수단으로도 사용가능합니다. 단기 연수의 경우 체재 기간이 비교적 짧아 일반적으로 해외에서 통장개설을 하지 않습니다. 그러므로 여행자수표로 학비, 생활비 등을 지불하는 것은 안전하면서도 신용카드의 한도 제한에 구애받지 않는 가장 편리한 선택입니다. 유학의 경우, 준비해야할 비용이 더욱 큽니다. 현지에서 통장을 개설하기 전에 사용할 돈을 안전하게 준비하는 방법으로 여행자수표가 유용하게 사용됩니다.

이외에도 여행자수표를 구입할 때에는 환율이 일반적으로 현금보다 유리하게 적용됩니다. 환율이 낮아 출국 이전부터 약간의 비용을 절약할 수 있고, 또한 안전하다는 장점이 있습니다.

Q : 어디에서 아멕스 여행자 수표를 살 수 있나요?

A : 여행자수표는 은행과 온라인에서 구입 가능합니다.

▶ 은행 : 지점을 포함한 전국 각 은행에서 구입가능. 단, 외환은행에서는 호주달러와 영국 파운드, 일본 엔화, 캐나다 달러만 구입가능.

▶ 인터넷 예약 : 우리은행과 신한은행 웹싸이트에서 온라인으로구매할 수 있음. 자세한 내용은 http://www. ameri-canexpress.com/korea 참고.

Q : 여행자수표를 분실하면 현지에서 재발급 가능 한가요?

A : 아멕스 여행자수표는 전세계 84,000여 은행과 환전소 등의 파트너와 함께 일하고 있으며, 동시에

2,200개의 여행서비스센터를 두고 있습니다. 여행자수표 분실시 일반적으로 모두 현지에서 재발급이 가능하며, 수수료도 없습니다. 다음 여행지에서 재발급 신청하셔도 됩니다.

Q : 왜 여행자수표를 사용하는 것이 경제적이고 혜택이 많다고 하나요?

A : 여행자수표를 구입할 경우 외화를 현금으로 구입하는 것보다 일반적으로 쌉니다. 외국에서 현지화폐로 교환하려고 할 때, 수수료를 면제해 주는 환전소도 많기 때문에 어떤 때에는 더 많은 현지 화폐를 손에 쥘 수 있습니다. 수수료 등에서 돈을 아낄 수 있을뿐더러 수지타산이 잘 맞는 방법입니다.

Q : 해외 유학을 할 때, 학비와 생활비를 가지고 나가려고 합니다. 어떤 방식을 선택해야 좋을까요?

A : 여러 방법을 혼합해서 사용하시는 것이 좋습니다. 위험을 피하고, 동시에 편리하게 사용할 수 있어야 합니다. 학비를 현지에서 지불한다면 여행자수표를 이용하시는 것이 가장 좋습니다. 생활비의 70% 정도는 여행자수표, 20% 정도는 신용카드, 10%는 현금으로 사용하시는 것이 좋습니다.

여행자수표의 사용방법

1. 구입 후 즉시 서명 : 구입 후 즉시 수표 왼쪽 상단에 사인합니다. 어느 언어도 무방.

2. 사용 시 재서명 : 사용할 때에 수취인의 앞에서 왼쪽 하단에 상단과 일치하는 사인을 하면 됩니다.

3. 따로 보관 : 구매계약서와 여행자수표는 따로 보관하세요. 만약 여행자수표를 분실, 훼손한 경우 구매계약서를 가지고 각지의 분실배상서비스센터에 가서 분실처리를 하시면 됩니다.

여행 회화

Travel Convesation

출국과 입국

■ 기내에서

이 좌석이 어디 있는지 알려주시겠어요?
Could you help me to find my seat, please?
쿠 쥬 헬프 미 투 파인드 마이 씻. 플리즈?

실례합니다만 저의 자리에 앉아계신 것 같은데요.
Excuse me. I think you're sitting in my seat.
익스큐즈 미. 아이 띵크 유아 씨링 인 마이 씻.

저와 자리를 바꿔주시겠어요?
Do you mind changing your seat with me?
두 유 마인드 체인징 유어 씻 위드 미?

한국 잡지나 신문 있어요?
Do you have Korean magazines or newspapers?
두 유 해브 코리안 매거진스 오어 뉴스페이펄스?

음료는 무엇으로 하시겠습니까?
What would you like to drink?
왓 우 쥬 라익 투 드링크?

콜라 한 캔 주세요.
Coke, please.
코크 플리즈.

탑승권을 보여 주시겠습니까?
May I see your boarding pass?
메아이 씨 유어 보딩 패스?

뭐 마실 것 좀 주시겠어요?
Can I have something to drink?
캔 아이 해브 썸띵 투 드링크?

펜 좀 빌릴 수 있을까요?
Can I borrow a pen?
캔 아이 바뤄우 어 펜?

얼마나 더 가야합니까?
How many more hours to go?
하우 매니 모어 아월스 투 고?

■ 입국심사

여권과 입국신고서를 볼 수 있을까요?
Can I see your passport and landing card, please?
캔 아이 씨 유어 패스포트 앤 랜딩 카드, 플리즈?

영국 방문이 처음이십니까?
Is it your first visit to the Great Britain?
이즈 잇 유어 퍼스트 비짓 투 더 그레이트 브리튼?

방문 목적이 무엇입니까?
What's the purpose of your visit?
왓츠 더 퍼포즈 오브 유어 비짓?

관광입니다.
For sightseeing.
포 싸이트씨잉.

돈을 얼마나 소지하고 계십니까?
How much money do you have?
하우 머취 머니 두 유 해브?

영국 화폐 약 3,500파운드를 가지고 있습니다.
I have about £3,500.
아이 해브 어바웃 쓰리 따우젼 화이브 헌드뤠드 파운즈.

2주간 머물 예정입니다.
I'm going to stay for two weeks.
아임 고잉 투 스테이 포 투 윅스.

어디에서 머물 예정이십니까?
Where are you going to stay?
웨얼 아 유 고잉 투 스테이?

힐튼 호텔입니다.
At the Hilton Hotel
앳 더 힐튼호텔.

런던에 얼마 동안 머물 예정입니까?
How long are you going to stay in London?
하우 롱 아 유 고잉 투 스테이 인 런던?

신고할 물건이 있습니까?
Do you have anything to declare?
두 유 해브 애니띵 투 디클레어?

신고할 게 없습니다.
I have nothing to declare.
아이 해브 낫띵 투 디클레어.

담배 한 보루가 있는데 제가 피우려고 샀습니다.
I've got a pack of cigarette. That's for my personal use.
아이브 갓 어 팩 오브 시가렛. 댓츠 포 마이 퍼스널 유스.

이 물건의 가격이 대략 얼마나 됩니까?
What's the approximate value of it?
왓츠 디 어프록시밋 밸류 오브 잇?

관세 100파운드를 내야 합니다.
I have to charge you a £100 duty for that.
아이 해브 투 차쥐 유 어 원 헌드레드 파운즈 듀리 포 댓.

가방에 뭐가 들어있는지 볼 수 있나요?
Can I see what's in your bag, please?
캔 아이 씨 왓츠 인 유어 백, 플리즈?

개인적 용도로 가져왔습니다.
I brought it for my personal use.
아이 브로웃 잇 포 마이 퍼스널 유스.

그것을 가지고 입국하는 것은 금지되어 있습니다.
You are not allowed to bring them in.
유 아 낫 얼라우드 투 브링 댐 인

과일이나 야채 혹은 동물 등이 있습니까?
Do you have any fruit or vegetables or animals?
두 유 해브 애니 프룻 오어 베쥐터블스 오어 애니멀스?

250파운드 주고 샀습니다.
I paid £250 for it.
아이 패이드 투헌드뤠드 앤 휘프티 파운즈 포 잇

시내지도 한 장 주시겠어요?
May I have a city map, please?
메아이 해브 어 씨리 맵, 플리즈?

값싼 호텔 하나 추천해주시겠어요?
Could you recommend a cheap hotel?
쿠 쥬 레코멘드 어 칩 호텔?

예약 좀 해 주시겠어요?
Could you make a reservation for me, please?
쿠 쥬 메이크 어 레져베이션 포 미, 플리즈?

관광 안내책자 한 권 주세요.
Please, give me a tourist brochure.
플리즈, 깁 미 어 투어뤼스트 브로슈어.

약도를 좀 그려 주시겠어요?
Could you draw me a map, please?
쿠 쥬 드뤄우 미 어 맵, 플리즈?

출구가 어느쪽이죠?
Where's the exit?
웨어즈 디 에그짓?

이 신고서를 어떻게 작성하는지 알려주시겠어요?
Would you show me how to fill out this form, please?
우 쥬 쇼우 미 하우 투 필 아웃 디스 폼, 플리즈?

■ 공항에서

이걸 영국 파운드로로 환전할 수 있을까요?
Could you exchange this for British £, please?
쿠 쥬 익스체인쥐 디스 포 브리티쉬 파운즈, 플리즈?

관광안내소가 어디 있는지 아세요?
Do you know where the tourist information center is?
두 유 노 웨어 더 투어뤼스트 인포메이션 센터 이스?

환율이 어떻게 됩니까?
What's the exchang rate?
왓츠 디 익스체인지 뤠잇?

교통수단의 이용

■Bus 이용

버스정류장이 어디죠?
Where's the bus stop?
웨어즈 더 버스 스탑?

길 건너에 있습니다.
It's on the opposite side of the
road.
잇츠 온 디 오퍼짓 사이드 오브 더 로드.

45번 버스를 타세요.
Take the nember 45 bus.
테익 더 넘버 포리 화이브 버스.

요금이 얼마죠?
How much is the fare?
하우 머취 이스 더 훼어?

어른 한 명에 20파운드입니다.
It's £20 for an adult.
잇츠 투웬티 파운즈 포 언 어덜트.

어디서 내려야하나요?
Where should I get off?
웨어 슈드 아이 겟 오프?

갈아타야 하나요?
Do I have to transfer?
두 아이 해브 투 트렌스훠?

버스를 잘못 탄 것 같아요.
I think I took the wrong bus.
아이 띵크 아이 툭 더 롱 버스.

버킹엄 궁전에 가려면 어떤 버스를
타야하나요?
Which bus should I take to get to
buckingham Palace?
위치 버스 슈드 아이 테익 투 겟 투 버킹엄 팰
리스?

박물관 앞에서 내려주세요.
Drop me off in front of the
Museum, please.
드롭 미 오프 인 프론트 오브 더 뮤지엄, 플리즈.

■ Taxi 이용

택시 승강장이 어디입니까?
Where is a taxi stand?
웨어 이즈 어 택시 스탠드?

트렁크 좀 열어주시겠어요?
Could you open the trunk, please?
쿠 쥬 오픈 더 트렁크, 플리즈?

어디로 가야합니까?
Where would you like to go?
웨어 우 쥬 라익 투 고?

가장 빠른 길로 가주세요.
Please, take the shortest way.
플리즈, 테이크 더 쑈리스트 웨이.

여기서 내려주세요.
Stop here, please.
스탑 히어, 플리즈.

이 주소로 데려다 주세요.
Take me to this address, please?
테익 미 투 디스 어드뤠스, 플리즈?

공항으로 급히 가야합니다.
I'm in a hurry to go to the airport.
아임 인 어 허뤼 투 고 투 디 에어포트.

기본요금이 얼마죠?
What's the basic rate?
왓츠 더 베이직 뤠잇?

수동 기어로 부탁합니다.
I'd like a car with a standard transmission, please.
아이드 라익 어 카 위드 어 스텐다드 트렌스미션, 플리즈.

어떤 차를 원하십니까?
What kind of car would you like?
왓 카인드 오브 카 우 쥬 라익?

세단 오토매틱으로 부탁합니다.
A sedan with an automatic Transmission, please.
어 세단 위드 언 오토메틱 트렌스미션, 플리즈.

보험이 포함되었나요?
Does it include insurance?
더즈 잇 인클루드 인슈어런스?

종합보험으로 해주세요.
Full insurance, please.
풀 인슈어런스, 플리즈.

하루에 얼마입니까?
How much is the rate per day?
하우 머취 이즈 더 레잇 퍼 데이?

그것으로 하겠습니다.
Ok. I'll take it.
오케이. 아일 테익 킷.

렌트 전에 차를 한 번 보고 싶습니다.
I'd like to see the car before I rent it.
아이드 라익 투 씨 더 카 비포 아이 렌트 잇.

잔돈은 그냥 가지세요.
Keep the change.
킵 더 체인쥐.

공항까지 얼마나 걸릴까요?
How long does it take to go to the airport?
하우 롱 더즈 잇 테익 투 고 투 디 에어포트?

■ 렌트카 이용

차 한 대 렌트하고 싶습니다.
I'd like to rent a car, please.
아이드 라익 투 렌트 어 카, 플리즈.

■길 묻기

길을 잃었어요.
I'm lost.
아임 로스트.

이 근처에 백화점이 있나요?
Is there a department store near by?
이스 데얼 어 디파트먼트 스토어 니얼 바이?

이미 지나왔어요.
You've come too far.
유브 컴 투 파.

공중전화가 어디 있습니까?
Where can I find a public phone?
웨어 캔 아이 파인드 어 퍼블릭 폰?

다음 신호등에서 오른쪽으로 가세요.
Turn right at the next traffic light.
턴 롸잇 앳 더 넥스트 트뤠픽 라잇.

이 길을 따라가세요.
Just go along this street.
저스트 고 얼롱 디스 스트릿.

힐튼호텔 가는 길 좀 가르쳐주시겠어요?
Could you tell me the way to the Hilton Hotel?
쿠 쥬 텔 미 더 웨이 투 더 힐튼 호텔?

다음 모퉁이에서 우측으로 돌아가세요.
Turn left at the next corner.
턴 레프트 앳 더 넥스트 코너.

소방서 건너편에 있어요.
It's across the street from the fire house.
잇츠 어크로스 더 스트릿 프롬 더 파이어 하우스.

경찰에게 물어보는 게 좋겠네요.
You'd better ask the police officer.
유드 베러 애스크 더 폴리스 오피서.

호텔에서

■ 호텔 예약과 체크인

예약을 하고 싶은데요.
I'd like to make a reservation, please.
아이드 라익 투 메이크 어 레저베이션. 플리즈.

이틀간 묵을 2인실 하나를 예약하고 싶은데요.
I'd like to book a twin room for two nights.
아이드 라익 투 북 어 트윈 룸 포 투 나잇츠.

얼마 동안 묵을 예정이십니까?
How long will you stay?
하우 롱 윌 유 스테이?

3일간 묵을 예정입니다.
I'll stay for 3 nights.
아일 스테이 포 쓰뤼 나잇츠.

죄송합니다. 모두 예약이 끝났습니다.
I'm sorry, rooms are all booked up.
아임 쏘리. 룸스 아 올 북트 업.

어떤 방을 원하십니까?
What kind of room would you like?
왓 카인드 오브 룸 우 쥬 라이크?

전망이 좋은 2인실로 부탁합니다.
I'd like a double room with a nice view.
아이드 라이크 어 더블 룸 위드 어 나이스 뷰.

하룻밤 숙박료가 얼마죠?
How much for one night?
하우 머취 포 원 나잇?

더 싼 방 있나요?
Do you have anything cheaper?
두 유 해브 애니띵 칩퍼

아침식사가 포함된 요금인가요?
Does this rate include breakfast?
더즈 디스 뤠잇 인클루드 브렉퍼스트?

■호텔 서비스

서울로 국제전화를 걸고 싶습니다.
I'd like to make a call to Seoul, Korea.
아이드 라익 투 메이크 어 콜 투 서울, 코리아.

짐을 방으로 옮겨줄 사람이 필요한데요.
I need someone to bring my baggage up.
아이 니드 섬원 투 브링 마이 배기쥐 업.

방에 금고가 있습니까?
Does the room have a safety box?
더즈 더 룸 해브 어 세이프티 박스?

인터넷을 어디서 이용할 수 있어요?
Where can I use the internet?
웨어 캔 아이 유스 디 인터넷?

6시에 모닝콜 좀 해주세요.
I'd like to get a wake-up call at 6:00
아이드 라익 투 겟 어 웨이크-업 콜 앳 씩스.

이 소포를 한국으로 보내주세요.
I'd like to send this parcel to Korea.
아이드 라익 투 센드 디스 파슬 투 코리아.

귀중품을 여기에 맡길 수 있을까요?
Can I keep my valuables here?
캔 아이 킵 마이 밸류어블스 히어?

공항 셔틀버스가 얼마나 자주 오나요?
How often does the airport shuttle bus come?

팁입니다.
Here's your tip.
히얼스 유어 팁.

여기 한국어를 할 줄 아는 사람이 있나요?
Does someone here speak Korean?
더즈 섬원 히어 스픽 코리안?

11시 30분에 체크아웃하겠습니다.
I'm going to check out at 11:30.
아임 고잉 투 체크아웃 앳 일레븐 써리.

계산서 주세요.
Bill, Please.
빌, 플리즈.

방에 뭘 두고 왔어요.
I left something in my room.
아이 레프트 썸띵 인 마이 룸.

하우 오픈 더즈 디 에어포트 셔를 버스 컴?

■ 체크아웃

몇 시에 체크아웃을 해야 하나요?
When's the check out time?
웬즈 더 체크아웃 타임?

하루 더 묵고 싶은데요.
I'd like to stay one more night.
아이드 라익 투 스테이 원 모어 나잇.

하루 일찍 나가고 싶은데요.
I'd like to leave one day earlier.
아이드 라익 투 리브 원 데이 얼리어.

체크아웃 부탁합니다.
Check out, please.
체크아웃, 플리즈.

합계요금이 얼마죠?
How much is the total charge?
하우 머취 이스 더 토럴 차아쥐?

카드로 계산해도 되나요?
Can I pay by credit card?
캔 아이 페이 바이 크뤠딧 카드?

여행자수표도 취급하나요?
Do you accept traveler's checks?
두 유 억셉트 트뤠블러스 첵스?

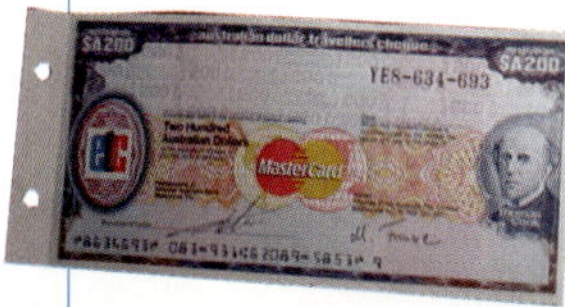

식당 · 쇼핑

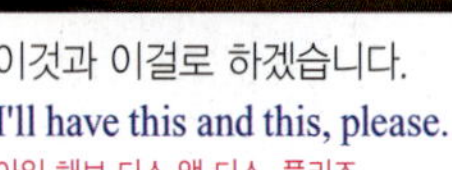

■ 주문하기

메뉴 좀 주세요.
Menu, please.
메뉴, 플리즈.

주문하시겠습니까?
May I take your order, please?
메 아이 테익 유어 오더, 플리즈?

음료를 먼저 주문하겠습니다.
We'd like to order drinks first.
위드 라익 투 오더 드링크스 퍼스트.

조금만 더 기다려주시겠어요?
Would you give me a few more minutes?
우 쥬 깁 미 어 퓨 모어 미닛츠?

저것과 같은 걸로 주세요.
I'd like to have the same dish as that.
아이드 라익 투 해브 더 쌔임 디쉬 애즈 댓.

이 식당에서 잘하는 요리가 뭐죠?
What's the specialty of the house?
왓츠 더 스페셜티 오브 더 하우스?

오늘의 특별요리가 뭐죠?
What's today's special?
왓츠 투데이스 스페셜?

이것과 이걸로 하겠습니다.
I'll have this and this, please.
아일 해브 디스 앤 디스, 플리즈.

더 필요한 거 있으십니까?
Anything else?
애니띵 엘스?

디저트는 무엇으로 하시겠습니까?
What would you like to have for dessert?
왓 우 쥬 라익 투 해브 포 디저트?

■ 쇼핑하기

여성복 매장은 몇 층에 있나요?
Which floor is women's wear on?
위치 플로어 이스 위민스 웨어 온?

이 근처에 면세점이 있나요?
Is there a duty-free shop around here?
이스 데얼 어 듀리-프리 샵 어라운드 히어?

전자제품을 어디서 살 수 있어요?
Where can I buy electronic goods?
웨어 캔 아이 바이 어 일렉트로닉 굿츠?

찾으시는 물건 있으세요?
May I help you?
메 아이 헬프 유?

그냥 구경하고 있어요.
I'm just looking around.
아임 저스트 룩킹 어라운드.

면세품인가요?
Is it tax-free?
이즈 잇 텍스 프리?

이거 5사이즈 있어요?
Have you got this in size 5?
해 뷰 갓 디스 인 사이즈 화이브?

다른 것 좀 보여주시겠어요?
Could you show me another one, please?
쿠 쥬 쇼 미 어나더 원, 플리즈?

저쪽에 저것 좀 보여주시겠어요?
Could you show me that one there, please?
쿠 쥬 쇼우 미 댓 원 데어, 플리즈?

여자 친구에게 선물할 목걸이를 찾고 있어요.
I'm looking for a necklace for my girlfriend.
아임 룩킹 포 러 넥클레이스 포 마이 걸프렌드.

긴급 상황

도둑이야! 저놈 잡아라!
Thief! Get him!
띠프! 겟 힘!

■ 분실 · 도난

분실물 취급소가 어디죠?
Where is the lost and found?
웨어 이스 더 로스트 앤 화운드?

여권을 잃어버렸어요.
I lost my passport.
아이 로스트 마이 패스포트.

제 카메라를 잃어버렸어요.
I lost my camera.
아이 로스트 마이 캐머라.

가방을 버스에 두고 내렸어요.
I left my bag on the bus.
아이 레프트 마이 백 온 더 버스.

어디서 잃어버렸는지 모르겠어요.
I don't know where I lost it.
아이 돈 노 웨얼 아이 로스트 잇.

만약 찾으시면 이 번호로 전화주세요.
Please, call me at this number if you find it.
플리즈, 콜 미 앳 디스 넘버 이프 유 파인드 잇.

누가 제 가방을 빼앗아갔어요.
Someone took my bag.
썸원 툭 마이 백.

제 시계를 도난당했어요.
I had my watch stolen.
아이 해드 마이 왓치 스톨른.

어젯밤 제 방에 도둑이 들었어요.
Someone broke into my room last night.
썸원 브로크 인투 마이 룸 라스트 나잇.

■ 교통사고

누가 경찰 좀 불러주세요!
Somebody call the police!
썸바리 콜 더 폴리스!

위급 상황이에요!
It's an emergency!
잇츠 언 이멀젼씨!

구급차를 불러주세요.
I need an ambulance.
아이 니드 언 엠뷸런스.

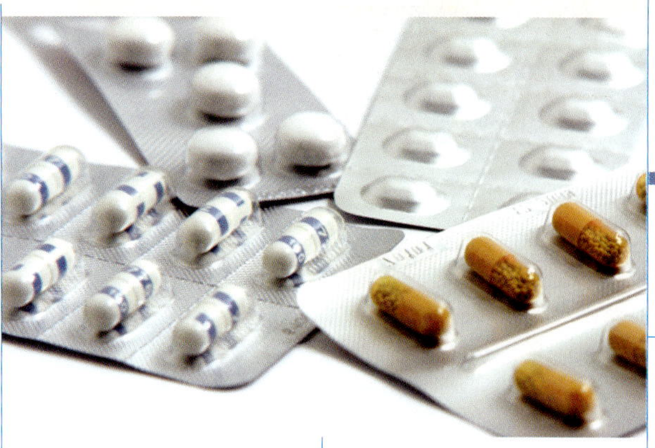

교통사고가 났어요.
There's been a car accident.
데얼스 빈 어 카 액시던트.

교통사고를 당했어요.
I was in a car accident.
아이 워스 인 어 카 액시던트.

여기 부상당한 사람이 있어요.
There's an injured person here.
데얼스 언 인쥬어드 펄슨 히어.

부상 상태가 어떤가요?
Tell me the healing of your injury?
텔 미 더 힐링 오브 유얼 인쥬리?

출혈이 심합니다.
He is bleeding badly.
히 이스 블리딩 배들리.

의식이 없어요.
He is unconcious.
히 이스 언컨셔스.

숨을 못 쉬겠어요.
I can't breathe.
아이 캔트 브레뜨.

■ 병원에서

보험에 가입되어 있나요?
Do you have insurance?
두 유 해브 인슈어런스?

여행자 보험이 있어요.
I have traveler's insurance.
아이 해브 트뤠블러스 인슈어런스.

진찰을 받고 싶은데요.
I need to see a doctor.
아이 니드 투 씨 어 닥터.

여기 한국어를 하는 의사가 있나요?
Is there a Korean-speaking doctor here?
이스 데얼 어 코리안-스피킹 닥터 히어?

어디가 이상하지죠?
What seems to be the problem?
왓 씸스 투 비 더 프라블럼?

증상이 어떻습니까?
What are your symptoms?
왓 아 유어 씸텀스?

두통이 있어요.
I have a headache.
아이 해브 어 헤데이크.

설사를 해요.
I've got the runs.
아이브 갓 더 런스.

기침이 멈추질 않아요.
I can't stop coughing.
아이 캔트 스탑 커휭.

계속 구토를 해요.
I keep throwing up.
아이 킵 쓰로윙 업.

여기가 아파요.
I feel pain here.
아이 필 페인 히어.

뭐가 잘못된 거죠?
What's wrong with me?
왓츠 롱 위드 미?

식중독인 것 같네요.
Looks like you've got food poisoning.
룩스 라이크 유브 갓 푸드 포이져닝.

아스피린 있어요?
Can I have some aspirin?
캔 아이 해브 썸 애스퍼륀?

몸이 안 좋아요.
I don't feel well.
아이 돈 필 웰.

반창고 좀 주세요.
I need some band-aid, please.
아이 니드 썸 밴드-애이즈, 플리즈.

진통제 있어요?
Do you have painkillers?
두 유 해브 페인-킬러스?

그가 다리 위에서 떨어졌어요.
He fell down from the bridge.
히 펠 다운 프롬 더 브륏지.

그가 기절했어요.
He fainted.
히 페인티드.

제 친구가 자동차에 치였어요.
A car ran over my friend.
어 카 랜 오버 마이 프렌드.

제 친구에게 응급처치를 해주시겠어요?
Could you apply first aid to my friend, please?
쿠 쥬 어플라이 퍼스트 에이드 투 마이 프렌드, 플리즈?

몸이 아파요.
I feel sick.
아이 필 씩.

감기에 걸린 것 같아요.
I think I've got a cold.
아이 띵크 아이브 갓 어 콜드.

열이 있어요.
I have a fever.
아이 해브 어 피버.

안약 좀 주세요.
Can I have eye-drops, please.
캔 아이 해브 아이-드랍스. 플리즈.

소화불량에 어떤 약을 먹어야 하나요?
What should I get for indigestion?
왓 슈드 아이 겟 포 인디제션?

이 처방전대로 조제해주세요.
Could I get this prescription filled?
쿠드 아이 겟 디스 프뤼스크립션 휠드?

여기 처방전이 있어요.
Here's the prescription.
히얼스 더 프뤼스크립션.

처방전 없인 판매할 수 없습니다.
I can't sell this without a prescription.
아이 캔트 쎌 디스 위다웃 어 프뤼스크립션.

이 약을 어떻게 복용하죠?
How do I take this medicine?
하우 두 아이 테익 디스 메디씬?

얼마나 자주 복용해야 하나요?
How often do I take this pill?
하우 오픈 두 아이 테익 디스 필?

하루에 몇 알을 복용해야 하나요?
How many tablets should I take a day?
하우 매니 타블릿츠 슈드 아이 테이크 어 데이?

식사 전에 복용해야 하나요?
Should I take it before eating?
슈드 아이 테이크 잇 비포어 이링?

부작용은 없나요?
Are there any side effects?
아 데어 애니 사이드 이펙츠?

알레르기 있으세요?
Do you have any allergies?
두 유 해브 애니 알러지스?

이게 고통을 완화시켜줄 것입니다.
This will relieve your pain.
디스 윌 륄리브 유어 페인.

이걸 복용하시면 통증이 나아질 것입니다..
If you take this pill, it will ease your pain.
이프 유 테이크 디스 필 잇 윌 이즈 유얼 페인.

얼마 동안이나 안정을 취해야 하나요?
How long do I have to stay at home?
하우 롱 두 아이 해브 투 스테이 앳 홈?

여행을 잠시 멈춰야만 하나요?
Do I have to stop traveling for a while?
두 아이 해브 투 스탑 트뤠블링 포 러 와일?

지금은 한결 나아졌어요.
I feel much better now.
아이 필 머취 베러 나우.

- **초판 인쇄일** _ 2008년 5월 13일
  초판 발행일 _ 2008년 5월 19일
  발행인 _ 박정모
  발행처 _ 도서출판 혜지원
  주소 _ 서울시 동대문구 장안 1동 420-3호
  전화 _ 영업부 02)2212-1227, 2213-1227
  전화 _ 편집부 02)2249-7975
  팩스 _ 02)2247-1227
  홈페이지 _ http://www.hyejiwon.co.kr
- **지은이** _ MOOK 편집실
  기획·진행 _ 강은혜
  디자인, 본문편집 _ 박애리
  표지디자인 _ 김경미
  영업마케팅 _ 김남권, 고광수, 황대일, 서지영
  ISBN _ 978-89-8379-556-4
  　　　 978-89-8379-539-7 (세트)
  정가 _ 7,800원

- 잘못 만들어진 책은 구입한 서점에서 교환해 드립니다.

무료통화이용권(콜렉트콜)

3,000원

- 외국에서 한국으로 전화시 착신번호마다 매월 1,000원씩 무료로 통화하실 수 있습니다! (3개번호)

우리은행 환율우대

쿠폰 NO.US GA **135248**

50%

- 본 쿠폰은 다른 우대서비스와 중복하여 사용 할 수 없으며, 우대율은 은행 사정에 따라 조정될 수 있습니다.
- 유효기간 : ~ 2008년 12월 31까지
- 우대 내용 후면 참조

※ 단, 미화기준으로 500달러 미만은 30% 할인

출국 준비물 위드공구 할인쿠폰

NO. W214619-1948

Discount Coupon **10~5%**

- 본 쿠폰은 1인 1회에 한하여 사용 가능합니다.
- 본 쿠폰은 다른 쿠폰과 중복하여 사용하실 수 없습니다.
- 일부 품목은 할인에서 제외될 수 있습니다. www.with09.net

공항고속/센트럴시티 리무진 버스 할인권

NO. 903921

Limousine Bus Discount Coupon

2,000원 할인권(1회)

- 유효기간 : ~ 2008년 12월 31일까지
- 홈페이지 : www.samhwaexpress.com
- 승차권 구입장소 및 이용방법 후면 참조
  www.centralcityseoul.co.kr

공항고속/센트럴시티 리무진 버스 할인권

NO. 903921

Limousine Bus Discount Coupon

2,000원 할인권(1회)

- 유효기간 : ~ 2008년 12월 31일까지
- 홈페이지 : www.samhwaexpress.com
- 승차권 구입장소 및 이용방법 후면 참조
  www.centralcityseoul.co.kr

이/용/방/법

현재 계신 곳의 국가접속번호 ◀)) 카드번호 **7890** # + 지역번호를 포함한 상대방 전화번호 + #

※ 공중전화에서는 발신음을 먼저 확인하고 사용하세요. (발신음이 들리지 않을 경우 카드 또는 동전을 넣어주세요.)
사용예) 미국에서 한국(02-123-4567)으로 전화할 경우 1877-705-0469 ◀)) 카드번호 + # ◀)) 교환원 연결

호주	1800-007-548	미국(괌)	1877-705-0469	중국(북방)	108-8824
뉴질랜드	080-044-8043	사 이 판	1800-831-0366	중국(남방)	10800-140-0688
캐 나 다	1877-705-0474	하 와 이	1877-705-0471	일본(유선)	0044-2213-2325
그 리 스	0080-012-6546	오스트리아	0800-291-285	말레이시아	1800-80-8401
영 국	0800-032-3503	스 페 인	900-931-993	인도네시아	001-803-011-3411
프 랑 스	0800-900-092	체 코	800-142-542	필 리 핀	105-821
독 일	0800-101-2976	스 위 스	0800-562-317	홍 콩	800-967-360
이탈리아	800-708-044	벨 기 에	080-077-463	베 트 남	1783-500
네덜란드	080-0022-5196	헝 가 리	068-001-7175	태 국	001-800-120-664-908
포르투갈	8008-12982				

※ 지역에 따라 공중전화에서 사용이 제한될 수 있습니다. ※ 기타 국가 접속번호 및 이용문의 : 인터콜 고객만족팀(02-568-9500)
※ 요금은 hanarotelecom 에서 수신자부담으로 청구합니다.

우리은행 환율우대 쿠폰안내

- 본 쿠폰은 1인 1회에 한하여 사용가능합니다.(개인에 한함)
- 우리은행 전 영업점(인천국제공항지점 제외)에서 외화현찰, 여행자수표를 환전하거나
  해외송금시 우대환율을 적용하여 드립니다.(중국화폐CNY는 30% 우대)
  – 할인우대율 : 당일고시 매매기준율과 대고객매매율 차이의 환전수수료 50~30%를 우대
- 본 쿠폰은 다른 우대조치와 중복하여 사용하실 수 없으며, 우대율은 은행사정에따라 조정될 수 있습니다.

유학이주센터

세종로 유학이주센터	02)399-2742	목동 유학이주센터	02)2652-4030	테헤란로 유학이주센터 02)554-3071/3
연희동 유학이주센터	02)324-7001	종로 YMCA 유학이주센터	02)738-8472	연세 유학이주센터 02)313-3198
압구정동 유학이주센터	02)541-2947	대치역 유학이주센터	02)569-9031	대치남 유학이주센터 02)567-0483
분당중앙 유학이주센터	031)704-1541	일산중앙 유학이주센터	031)919-0501	서면 유학이주센터 051)804-2007
도곡스위트 유학이주센터 02)2058-1100		수영만 유학이주센터	051)747-9701	

※ 무료상담전화 : 080-365-5000

쿠폰사용방법

www.with09.net 접속 ···> 회원가입 후 가입경로 "동호회 추천" ···> 우측 코드란에 쿠폰 NO.W214619-1948입력 가입완료되시면 전품목 할인된 가격으로 표기됩니다.

⊗ 대표상품

이민가방, 여행가방, 전통기념품, 트랜스, 전세계 플러그, 침낭, 압축팩, 전기장판.
전자사전 등 전세계 출국준비물 국내 최저가 판매

문의전화 : (02)374-6227 / 010-6313-1664

공항고속/센트럴시티 리무진 버스 할인권 안내

Limousine Bus Discount Coupon

★ 이용구간

- 인천국제공항 → 강남 센트럴시티 방면
- 인천국제공항 → 서울역, 용산역 방면

승차권 구입장소 : 입국장(1층) 4A, 10B 출입구 옆 승차권 판매소

성함		E-mail		내용을 기입하셔야 이용 가능합니다.

★ 승차권 구입시 우대권 제출해 주십시오.(1인 1매에 한하여 타 쿠폰과 중복사용 불가)
★ 문의전화 : 센트럴시티 02)6282-0652 서울역 / 용산역 02)775-7915

공항고속/센트럴시티 리무진 버스 할인권 안내

Limousine Bus Discount Coupon

★ 이용구간

- 센트럴시티 → 인천국제공항(센트럴시티내 호남선터미널 1층 리무진 매표소)
- 서울역 → 인천국제공항(서울역 광장 역전파출소 앞 리무진 매표소)
- 용산역 → 인천국제공항(용산역 지상3층 달 주차장 리무진 매표소)

성함		E-mail		내용을 기입하셔야 이용 가능합니다.

★ 승차권 구입시 우대권 제출해 주십시오.(1인 1매에 한하여 타 쿠폰과 중복사용 불가)
★ 문의전화 : 센트럴시티 02)6282-0652 서울역 / 용산역 02)775-7915